Fabian Rehmann

Bean to Bar

stv

FABIAN REHMANN

Bean to Bar

VON DER **KAKAOBOHNE** ZUR **SCHOKOLADENTAFEL**

Leopold Stocker Verlag
Graz – Stuttgart

Umschlaggestaltung:
DSR Werbeagentur Rypka GmbH, 8143 Dobl/Graz, www.rypka.at
Titelbild: iStock
Bildnachweis: Alle Bilder stammen, so nicht anders angegeben, vom Autor.

Bibliografische Information der Deutschen Nationalbibliothek
Die Deutsche Nationalbibliothek verzeichnet diese Publikation in der Deutschen Nationalbibliografie; detaillierte bibliografische Daten sind im Internet unter http://dnb.d-nb.de abrufbar.

Hinweis: Dieses Buch wurde auf chlorfrei gebleichtem Papier gedruckt. Die zum Schutz vor Verschmutzung verwendete Einschweißfolie ist aus Polyethylen chlor- und schwefelfrei hergestellt. Diese umweltfreundliche Folie verhält sich grundwasserneutral, ist voll recyclingfähig und verbrennt in Müllverbrennungsanlagen völlig ungiftig.

Auf Wunsch senden wir Ihnen gerne kostenlos unser Verlagsverzeichnis zu:
Leopold Stocker Verlag GmbH
Hofgasse 5/Postfach 438
A-8011 Graz
Tel.: +43 (0)316/82 16 36
Fax: +43 (0)316/83 56 12
E-Mail: stocker-verlag@stocker-verlag.com
www.stocker-verlag.com

ISBN 978-3-7020-1780-4

Layout und Repro: DSR Werbeagentur Rypka GmbH, 8143 Dobl/Graz
Druck: hm•perfectprintconsult•eu

INHALT

VORWORT

Jeder kennt Schokolade, fast jeder mag Schokolade. Doch was Schokolade genau ist und wie diese entsteht, da werden die Kenner rar.

Und was noch viel weniger Menschen wissen: Schokolade lässt sich in verblüffender Qualität auch zuhause herstellen. Mit wenigen Hilfsmitteln und mit bescheidener Ausrüstung kann jeder sein eigenes Schokoladenprojekt starten. Schokolade muss nicht zwingend Industrie bedeuten. Vorausgesetzt, für die eigens hergestellte Schokolade kann etwas Geld und vor allem Zeit investiert werden.

Die Herstellung von Schokolade ist und war zu jeder Zeit ein anspruchsvoller Prozess. Über die Jahrzehnte wurden Maschinen verbessert oder ersetzt, was für stets steigende Qualität gesorgt hat. Die Veredelung von Kakao erfordert Leidenschaft und Aufmerksamkeit, vor allem viel Sachverstand oder aber Geduld bei der Aneignung von Wissen. Wissen, das leider von der Fachliteratur kaum abgedeckt wird.

Dieses Buch soll all jenen helfen, die sich mit der Herstellung von Schokolade im Kleinmaßstab befassen möchten. Hilfe bedeutet in diesem Fall die Reduktion von Investitionsrisiken, die Vermeidung von Fehlern oder schlicht von Frust in der täglichen Produktion.

Diese Hilfe gilt Hobby-Chocolatiers und Profis gleichermaßen. Dieses Buch soll auch helfen, die Lücke im Bereich Fachliteratur zum Thema Schokoladenherstellung im Kleinmaßstab ein klein wenig zu schließen. Es ist ein Buch für Macher.

Ich wünsche viel Erfolg bei Ihren Schokoladenprojekten.

INFO! Terminologie

In diesem Buch ist der Einfachheit halber stets von Schokolade die Rede. Es wird nicht differenziert zwischen Couverture und Schokolade oder anderen (länderspezifischen) Begriffen. Gemeint ist immer die ausschließliche Verarbeitung von Rohkakao beziehungsweise der rohen Kakaobohne und deren Bestandteilen mit Zucker und, allenfalls, mit Milch bzw. mit deren Bestandteilen.

DER AUTOR

Fabian Rehmann ist gelernter Koch und Konditor-Confiseur. Nach vielen Jahren im Marketing hat er sich 2013 mit der REHMANN Schokolade GmbH auf den Weg gemacht. 2016 konnte er mit dem Projekt Swiss Bean to Bar eine Pionierrolle in der Schweiz einnehmen. Weitere Informationen sind auf den folgenden Websites zu finden:
www.fabianrehmann.ch und www.schoggikurs.ch

DANKSAGUNG

Dieses Buch wäre nicht möglich geworden ohne die Hilfe von vielen engagierten Menschen. Mir als Autor wäre es alleine nicht gelungen, all die kleineren und größeren Hürden hin zur eigenen Bean-to-Bar-Produktion zu überwinden. Während fast drei Jahren Entwicklungsarbeit wurde ich von einem enthusiastischen Umfeld getragen und gestützt.

Meine Frau, Familie und Freunde
Die alle mit mir an Bean to Bar geglaubt haben.

Daniel Allemann
Mein treuer und verlässlicher Geschäftspartner. Immer für Neues zu begeistern ...

Ruedi Berner – Confiserie Berner
Choco-Aficionado aus Rheinfelden/CH. Mit allen Wassern der Confiserie- und Chocolatierkunst gewaschen, eine unerschöpfliche Quelle der Inspiration, die manch eine Wissenslücke zu stopfen wusste.

Eveline Räz – Verein Yayra Glover
Umtriebige und leidenschaftliche Vereinspräsidentin für den Verein Yayra Glover. Dank ihrer Unterstützung konnte ich in Ghana mit den Agronomen von Yayra Glover einen unschätzbar wertvollen Einblick in den Anbau von Bio-Kakao erhalten. Während zehn Tagen konnte ich eine unvergessliche Gesamtschau zum Thema Kakaoanbau erleben.

GRUNDZÜGE DER SCHOKOLADENHERSTELLUNG

Das Prinzip der Schokoladenherstellung ist einfach. Der natürliche Fettgehalt der Kakaobohne führt bei Wärmezugabe und Reibung zu einer Verflüssigung der Kakaobutter und somit zur Verflüssigung der ganzen Kakaobohne. Gibt man nun noch Zucker bei, kann man die Schokolade bereits erahnen.

In Kürze liegt eine grobe und grießige Masse vor, die nur noch verfeinert werden will. Noch sind allerdings viele Prozessschritte und ein entsprechender Maschinenpark nötig, um eine zart schmelzende Schokolade zu erhalten. Doch davon mehr im Verlauf dieses Buches.

Weshalb sich für Bean-to-Bar-Schokoladen begeistern?

Bean-to-Bar-Schokoladen werden meist in Kleinchargen von 20–80 kg hergestellt. Bei solchen Volumen wird eine Nischenvermarktung möglich. Die Eigenheit eines jeden Kakaos kann unterstrichen und ein passender Konsument kann gefunden werden. Dank der Bean-to-Bar-Bewegung können wir heute Kakao wieder in all seinen Facetten kennen lernen.

Übrigens: Wenn der Bean-to-Bar-Produzent einen wesentlichen Vorteil gegenüber der Industrie genießt, dann jenen, dass er

INFO! Was bedeutet Bean to Bar?

Die Übersetzung in die deutsche Sprache ist einfach und schnell erledigt: „Von der Bohne zur Tafel.“ Doch was bedeutet „Bean to Bar“?

Der Begriff wurde von Kleinunternehmen und Privatpersonen geprägt. Grundsätzlich kann gesagt werden, dass auch die Industrie „Bean to Bar“ herstellt. Aber die Terminologie bezieht sich eben auf die kleinmaßstäbliche Schokoladenproduktion – nicht auf die industrielle.

Bean-to-Bar-Schokoladen sind daher Erzeugnisse aus Kakao, die in einem handwerklichen Kontext entstanden sind. Wer sich Bean-to-Bar-Produzent nennt, hat daher den Anspruch, Schokolade im Kleinmaßstab von A wie Anfang bis K wie Kakao selbst herzustellen. Die dabei entstandenen Schokoladen sind nicht selten Perlen der Chocolatierkunst.

keine massentaugliche, gefällige Schokolade herstellen muss. Bean-to-Bar-Schokoladen sind meist einmalige Herkunftsschokoladen – hergestellt aus Kakao aus einer Provenienz.

Antiker Melangeur, Hardware aus vergangenen Zeiten (Quelle: Brockhaus, 1904)

WEGE ZUM INDIVIDUELLEN ZIEL

Viele Wege führen nach Rom, heißt es doch so schön.

Dieses geflügelte Wort gilt auch für die Aneignung von Wissen zum Thema Bean-to-Bar-Schokoladenproduktion. Der Weg ist lang und steinig und manch eine Hürde ist zu nehmen.

Dennoch verlaufen die verschiedenen Wege einer Chocolatierkarriere recht ähnlich und folgen einer gewissen Logik. Irgendwo muss man schließlich anfangen. Und oft erfolgt auf dem langen Weg irgendwo eine Rast. Schauen wir uns die möglichen Etappen kurz an.

PER ZUFALL ZUM SCHOKOLADENGLÜCK

Manch einer kommt eher durch Zufall zum Thema. Zum Beispiel anlässlich eines einfachen Pralinenprojekts taucht die Idee der eigenen Schokolade auf. Rasch ist Kakaopulver zur Hand und abenteuerlich wird mit Wasser und Zucker ein erster Versuch unternommen – welcher natürlich kläglich scheitert. Aber der Schokoladenvirus ist nun aktiv …

DIE ERSTEN GEHVERSUCHE

Die meisten Einsteiger stürzen sich mit dem Kauf eines kleinen Melangeurs – eine Steinmühle in der Art eines Kollergangs – ins süße Abenteuer. Diese kleinen Haushaltsgeräte erbringen bei korrekter Handhabung wahre Wunder. Im Nu steht die erste selbst hergestellte Schokolade zum Verzehr bereit.

Vielen Einsteigern habe ich geraten, erst mal mit zugekauften Kakaonibs erste Erfolge anzustreben. Denn die großen Herausforderungen folgen auf dem Fuß. In jedem Fall sind auch die ersten Gehversuche mit allerlei Hindernissen erschwert und auch der neu erworbene Maschinenpark will gehegt, erweitert und gepflegt werden.

Selektion von Bean-to-Bar-Schokoladen

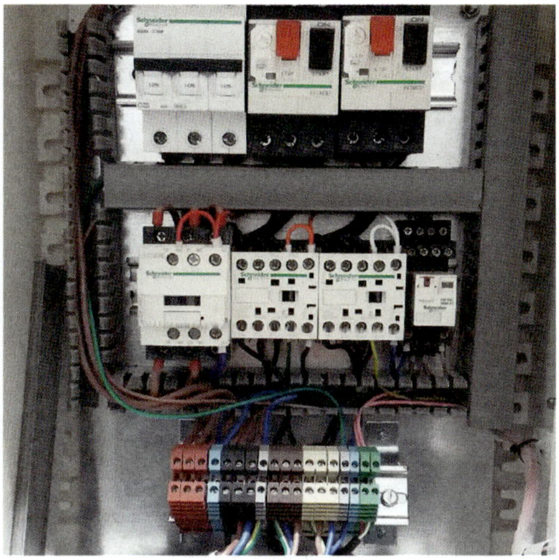

Aller Anfang ist kompliziert.

DER WEG ZUM HOBBY-CHOCOLATIER

Kaum ist der Triumph über die erste selbst hergestellte Schokolade abgeebbt, folgt ein Blumenstrauß an neuen Aufgaben und Rätseln. Es wäre doch schön, die gekauften Kakaonibs durch eigenen Kakao zu ersetzen. Es muss daher Rohkakao zugekauft sowie geröstet, gebrochen und geschält werden.

Nun rückt die eigentliche Schokoladenherstellung plötzlich in den Hintergrund und vorgelagerte Prozessschritte drängen sich auf: Aufgaben, von welchen der Laie anfangs vielleicht gar noch nicht wusste. Neue Gerätschaften wollen beschafft werden, neue Techniken erlernt. Jeder Schritt verlangt zudem nach Vollendung.

DER KOMMERZIELLE WEG ZUM CHOCOLATIER

Manch einer macht sich auf den langen Bean-to-Bar-Weg mit der Absicht und dem fernen Ziel, sich mit der eigenen Schokolade den Kräften des freien Marktes zu stellen. Für all jene sind die ersten Gehversuche und die Erfahrungen, die auch der Hobby-Chocolatier machen muss, Teil der notwendigen Entwicklungsarbeit.

Auch der Profi muss sich den vielen kleinen Geheimnissen der Schokoladenherstellung stellen. Die Profis genießen einerseits den Vorteil des Verständnisses für den Rohstoff Kakao bzw. Schokolade. Die Profis werden andererseits jedoch alsbald und zusätzlich mit den Tücken des Upscaling gefordert sein. Die erlernten Prozesse bleiben zwar gleich, doch die Anpassungen im Maßstab erfordern entweder große Investitionen und somit viel Kapital oder aber viel Talent und Geschick bei der Beschaffung und Zweckentfremdung oder dem Umbau von Maschinen.

Der Weg ist Teil des Ziels.

Wo auch immer die Reise hingehen soll, der Weg zum Bean-to-Bar-Chocolatier ist steinig und darf als unwegsames Gelände bezeichnet werden. Es ist ein Weg für Entdecker, Tüftler und Macher, denn den meisten dürfte es an den notwendigen Mitteln fehlen, um im großen Stile Anlagen beschaffen zu können.

Bean-to-Bar-Novizen sollen hier auch nochmals ausdrücklich ermutigt werden, sich der vielen technischen und betriebswirtschaftlichen Knacknüsse anzunehmen und diese Aufgaben als Bereicherung des Schokoladenalltages zu sehen.

KAKAOANBAU ALS GRUNDLAGE UND BASIS

Basis all unserer Arbeit mit Schokolade ist der Anbau von Kakao in den entsprechenden Gebieten und rund um den Globus. Wir sollten wissen, was dort vor sich geht, damit wir unseren wichtigsten Rohstoff auch gebührend schätzen lernen. Kakaoanbau ist äußerst arbeitsintensiv!

BAUMSCHULEN UND PFLEGE DER BÄUME

In Baumschulen werden heute Setzlinge im großen Stile kultiviert. In manchen Ländern werden den Bauern die Setzlinge kostenlos zur Verfügung gestellt. Die Entwicklung und Verbreitung von geeignetem Pflanzenmaterial steht dabei im Vordergrund. Es sollen **robuste und für Krankheiten wenig anfällige Sorten mit gutem**

Krippe für Jungbäume ...

Kleinstadt im Anbaugebiet (oben)
und im Dorf (unten)

Ertrag angebaut werden. Nicht zuletzt sollen die Kakaos natürlich ein interessantes Aromenprofil aufweisen.

Kakaobäume gedeihen besonders gut in sogenannten **Mischkulturen.** Das bedeutet, dass Kakao als Monokultur nur schlecht klarkommt. Kakao benötigt auch Schatten und sollte nicht direkt bzw. uneingeschränkt der Sonne ausgesetzt sein. Ein Hain mit Kakaobäumen will daher gepflegt sein, um einen guten Ertrag zu geben.

Während sich die Früchte am Baum entwickeln, wird der Farmer ungenügend ausgebildete Früchte entfernen und den Baum damit „entlasten". Der Baum soll seine Kraft für gesunde, schöne Früchte bewahren.

Auch Pflanzenschutzmittel sind natürlich ein Thema. Mittlerweile sind für den Bio-Anbau auch biologisch unbedenkliche Schutzmittel vorhanden. Wir wollen dieses Thema hier nicht weiter vertiefen.

ERNTE

Pro Jahr wird eine **Haupternte** und mancherorts eine Nebenernte eingefahren. Die **Nebenernte** fällt in der Regel etwas kleiner aus als die Haupternte. Die Kakaofrucht gilt als reif, wenn die Frucht den maximalen Zuckergehalt im Fruchtfleisch erreicht hat.

Die Erntezeiten variieren je nach Standort.

Der Farmer wird die Früchte vom Baum schneiden und gleich vor Ort oder aber in einer zentralisierten Fermentationsstation weiter verarbeiten.

Geerntet und bereit für die Weiterverarbeitung (oben links und rechts)

Selten von ganz nah: Kakao aus dem Botanischen Garten Basel

FERMENTATION

Die Kakaofrüchte müssen geöffnet werden, um die Kakaobohnen mit dem bekömmlichen Fruchtfleisch bergen zu können. Die Kakaobohnen werden dann am Boden zum Beispiel auf ausgelegten Bananenblättern aufgehäuft oder in Fermentationsbottiche, -körbe oder -fässer gegeben. Dort setzt die Fermentation ein, welche sorgfältig beobachtet und begleitet wird. Art, Verlauf und Dauer der Fermentation haben großen Einfluss auf die spätere Eigenart des Kakaos.

Die Fermentation der Kakaobohnen ist komplex und notwendig zur **Entwicklung der Aromenvorstufen**. Der Prozess der Fermentation stellt im weitesten Sinne eine vielschichtige Gärung dar. Durch den enzymatischen Umbau der Bestandteile der Kakaobohne bildet sich erst das begehrte Schokoladenaroma.

In den Prozess der Fermentation ist eine namhafte Anzahl Enzyme involviert. Am Anfang jeder Fermentation steht eine alkoholische Vergärung des Fruchtzuckers durch Hefen. Gleichzeitig beginnt die Kakaobohne zu keimen, wodurch wichtige Enzyme freigesetzt werden. Der während der Gärung entstandene Alkohol wird später wiederum zu Essigsäure gewandelt. Die Temperatur steigt im Verlaufe der Fermentation und der Keimling der Kakaobohne stirbt ab. Jetzt liegt kein Samen mehr vor, sondern eine Kakaobohne.

Im weiteren Verlauf der Fermentation übernehmen weitere Enzyme komplexe Prozesse, die zu den gewünschten Aromenvorstufen führen. Der bisher violette Kakaosamen wird nun braun. Nach drei bis acht Tagen ist die Fermentation abgeschlossen.

Die Fermentation

Kakaobohnen mit Fruchtfleisch

TROCKNEN DES KAKAOS

Ist die Fermentation abgeschlossen, muss der Kakao getrocknet werden. Dies geschieht auf besonders schonende und energiesparende Art und Weise unter freiem Himmel und nach Möglichkeit an der Sonne. Vor dem Abpacken in Säcke darf der Kakao eine **Restfeuchtigkeit von 7 % nicht übersteigen**.

Kakao, zum Trocknen ausgelegt

Trocknender Kakao

VERMARKTUNG VON KAKAO

In manchen Ländern ist vom Anbau bis zur Vermarktung der gesamte Kakaosektor monopolisiert.

In diesen Ländern wird daher alles von einem zentralisierten Ministerium oder Amt geregelt. Einkäufe direkt bei Farmern sind in solchen Ländern meist nicht möglich.

Andernorts spielen die gängigen Marktkräfte von Angebot und Nachfrage im Positiven wie im Negativen eine Rolle. Oft schließen sich Farmer zu landwirtschaftlichen Kooperativen zusammen, um als größere und stärkere Einheit eine bessere Verhandlungsposition am Markt ausüben zu können.

Lager im Anbaugebiet

TRANSPORT ZU DEN GROSSEN SCHOKOLADENMÄRKTEN

Noch muss der Kakao einen langen Weg in die Zielmärkte zurücklegen. Der Kakao wird hierfür in Frachtcontainer verladen und in der Regel auf dem Seeweg in die großen Seehäfen verschifft.

Großhandel

In den großen Zielmärkten für Kakao haben sich über die Jahrzehnte starke Großhändler etablieren können. Der Großhandel übernimmt meistens die **Vermarktung und** den **Verkauf**, nicht jedoch die Umschlagsfunktion in den Zielmärkten. Für die Lagerbewirtschaftung und für den Umschlag der Kakaos kommen Großlager in Spiel.

Großlager

Die Großhändler führen heute in der Regel keine eigenen Lager mehr. Dafür gibt es Unternehmen, die Großlager führen. Die Großhändler kaufen ihre Waren und verschieben diese dann in ein spezialisiertes Großlager. Von dort kann der Kakao je nach Bedarf abgerufen werden.

Der Großlagerist verrechnet jede einzelne Lagerbewegung sowie die **Lagerdienstleistung** und verdient damit sein Geld, ohne zwingend Eigentümer der gelagerten Kakaos zu sein.

Auch die großen Industriellen in der Schokoladenbranche bedienen sich der Dienste von Großlageristen.

> **Es ist unschwer zu erkennen, dass Kakao alleine gemessen am Arbeitsaufwand ein kostbarer Rohstoff ist. Wer die Gelegenheit erhält, sich in einem Kakaoanbaugebiet umsehen zu können, sollte sich diese Chance nicht nehmen lassen.**

Lager in Europa

ENTWICKLUNGSARBEIT

LABORARBEIT ALS BASIS FÜR HOBBY-CHOCOLATIER UND PROFI

Ich empfehle allen Neulingen im Fach der Bean-to-Bar-Produktion, sich für die lange Reise eine geeignete **„Laborräumlichkeit bzw. -umgebung“** einzurichten. Versuchen Sie nicht als Hobby-Chocolatier, Ihr Projekt in der heimischen Küche zu realisieren. Der Umgang mit Schokolade kann arg schmutzig sein. Schonen Sie Ihr Umfeld! Ihre Familie wird es Ihnen danken, denn mit der Zeit leidet sonst in Ihrem unmittelbaren Umfeld die Begeisterung für Ihre Schokoladenprojekte.

Den Profis rate ich davon ab, die Entwicklungsarbeit zu nahe am Tagesgeschäft anzusiedeln. Wir werden in Kürze sehen weshalb.

TIPP! Schnelle Schokoladenherstellung

Ohne großes Studium loslegen? Kein Problem. Wärmen Sie 3 Teile gebrochenen und geschälten Kakao – sogenannte Kakaonibs – auf ca. 50 °C im Backofen oder im Mikrowellenofen vor. Schütten Sie die Nibs in einen Haushaltsmixer und starten Sie diesen. Ihr Kakao wird sich in kürzester Zeit verflüssigen.

Fügen Sie 1 Teil vorgewärmten Zucker bei, sobald sich der Kakao vollständig verflüssigt hat.

Nach ca. 20 Minuten werden Sie eine sehr grobe bzw. körnige Schokolade vor sich haben. Kosten Sie diese. Sind Sie zufrieden mit dem Resultat?

Beobachten Sie bei diesem ersten Versuch stets aufmerksam Ihr Haushaltsgerät! Setzen Sie beim geringsten Verdacht der Überlastung Ihres Geräts (Wärmeentwicklung, Geruch, Rauch) den Versuch sofort aus!

Geöffnete Kakaofrucht

Ich rate Ihnen, im **Minimum 2 m Arbeitsfläche** in Beschlag zu nehmen, die Ihnen für Ihr Projekt permanent zur Verfügung stehen sollten. Diese soll mit einer pflegeleichten Oberfläche ausgestattet sein. Achten Sie darauf, dass heikle Bereiche Ihres Betriebes (zum Beispiel die Konditorei) nicht zu nahe an der Verarbeitungsstätte von rohem Kakao angesiedelt sind.

Sie benötigen zudem im Minimum einen großzügig abgesicherten 220-V-Anschluss. Wasser wird zwar nicht direkt benötigt, der Hygiene zuliebe wäre eine Wasserversorgung in der Nähe dennoch zu begrüßen.

I. SCHRITT – SELEKTION VON KAKAO

Bevor es losgehen kann, müssen Sie sich für einen Kakao entscheiden. Kakao gedeiht rund um unseren Planeten in den tropischen Gebieten jeweils bis 15° südlich und bis 15° nördlich des Äquators.

Es gibt daher eine **große Auswahl an Herkunftsgebieten**, aus welchen Sie eine Selektion treffen müssen und dürfen. Jedes Herkunftsgebiet prägt die Eigenart des Kakaos. Egal welche Sorte. Selbst genetisch identische Pflanzen werden von Ort zu Ort ein unterschiedliches Ergebnis entwickeln. Sie können es durchaus mit dem Anbau von Reben bzw. jenem von Weintrauben vergleichen. Das Terroir macht den Unterschied.

Lesen Sie für Tipps zum Einkauf auch im Kapitel „Einkauf von Rohkakao".

Kakaofrucht im Anbaugebiet (links) und Kakaobohnen aus Panama (oben)

II. SCHRITT – REINIGUNG UND GROBE BEURTEILUNG VON ROHKAKAO

Steht der rohe Kakao bei Ihnen auf dem Arbeitstisch, so kann es losgehen! Breiten Sie eine **großzügige Stichprobe** des Kakaos auf dem Tisch aus. Nehmen Sie die Bohnen unter die Lupe und beurteilen Sie den Kakao nach dessen Erscheinung. Entfernen Sie allfällige Fremdkörper und befreien Sie den Kakao von Staub.

Stellen Sie sich die folgenden Fragen:

- Stimmt die Qualität mit einer allfälligen Vorausbemusterung überein?
- Ergibt der Kakao ein ansprechendes Erscheinungsbild?
- Riecht der Kakao angenehm und frisch?
- Beobachten Sie Schimmel oder ungewöhnlich viele flache Bohnen?
- Sind Fremdkörper wie Steine, Schnüre, Holz oder anderes Material im Kakao zu finden?
- Sind andere Bestandteile der Kakaofrucht (zum Beispiel Plazenta) ungewöhnlich stark vertreten?

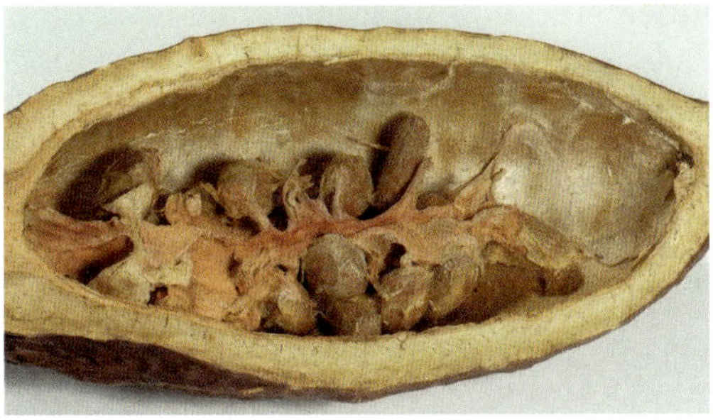

Die Plazenta – unerwünscht im rohen Kakao

INFO! Inverkehrbringen

Kommerzielle Anbieter werden von den Behörden mit großer Wahrscheinlichkeit dazu angehalten, die eingekauften Kakaos im Labor auf Pflanzenschutzmittelrückstände und Schimmelpilzgifte zu untersuchen. Gleichzeitig ist eine Untersuchung der Mikrobiologie angezeigt. Wenn Sie Kakao einführen, gelten Sie als Inverkehrbringer eines unsicheren Rohstoffs. Für dessen „Sichermachung" sind Sie als Inverkehrbringer verantwortlich. Sehen Sie dazu das Kapitel „Einige Gedanken zur Sicherheit für Profis".

INFO! Debakterisierung

Die Schokoladenindustrie führt seit einigen Jahren ein sogenanntes Debakterisierungsverfahren durch. Begründet wird dieses Verfahren mit der Notwendigkeit der verbesserten Lebensmittelsicherheit. Weshalb über 100 Jahre Schokoladenherstellung ohne Debakterisierung möglich waren, konnte mir leider noch niemand schlüssig beantworten. Einziger plausibler Erklärungsansatz sind die neuen Anforderungen an eine stark ausgedehnte Haltbarkeit. Für den Hobby-Chocolatier und den Kleinbetrieb ist diese Diskussion sowieso obsolet.

III. SCHRITT – SENSORISCHE VORVERKOSTUNG VON ROHKAKAO

Unterziehen Sie Ihren Kakao einer Vorverkostung. Brechen Sie dazu einige Kakaobohnen auf und entfernen Sie die hölzerne Schale. Nehmen Sie nun eine erste **sensorische Beurteilung** des Kakaos vor. Ihr Gaumen wird Ihnen in der Regel erste Hinweise über Ihren Kakao liefern. Diese Arbeit stellt eine enorme Herausforderung dar. Insbesondere für sensorisch Ungeübte ist dies Knochenarbeit.

Tragen Sie Ihre Wahrnehmung auf dem Aromendiagramm ein. Nehmen Sie Säure wahr, ist Ihr Kakao süß, fruchtig, blumig, bitter, adstringierend, erdig ...?

TIPP! Aromensteuerrad

Arbeiten Sie mit dem Aromensteuerrad, um einen Überblick über alle Facetten der Aromen Ihrer Kakaos zu ermitteln. Sensorische Novizen sollten sich unbedingt dieses Hilfsmittels bedienen. Das Aromensteuerrad finden Sie auch im Anhang.

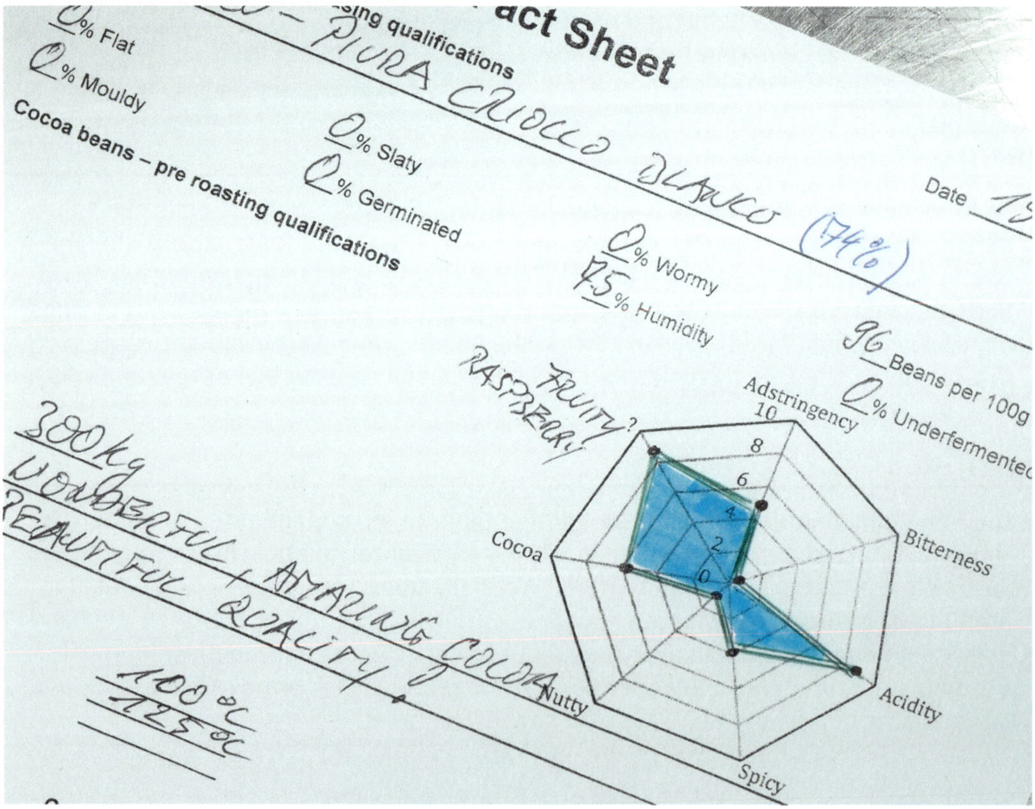

Das Aromendiagramm vor der Verarbeitung

IV. SCHRITT – ENTWICKLUNG EINES PROVISORISCHEN RÖSTPROFILS FÜR ROHKAKAO

Ihre Vorverkostung liefert Ihnen wertvolle Hinweise zu einem geeigneten Röstprofil für Ihren Kakao. Betrachten Sie dieses vorerst als provisorisch, Sie müssen schließlich irgendwo beginnen. Sie können später jederzeit noch Korrekturen vornehmen. Stellen Sie sich die folgenden Fragen:

- Welche Aromen oder Facetten Ihres Kakaos wollen Sie unbedingt erhalten bzw. unterstützen?
- Welche unerwünschten Eigenschaften Ihres Kakaos möchten Sie allenfalls eliminieren?

Beispiele

Ist Ihr Kakao stark säurebetont, haben Sie bereits beim Rösten die Möglichkeit, einen Teil der Säure zu reduzieren oder gar zu entfernen.

- Mit einer längeren Röstdauer gehen große Teile der Säure verloren.
- Mit mehr Hitze entledigen Sie sich noch mehr der vorhandenen Säuren.

Haben Sie bei der Vorverkostung sehr subtile Aromenvorstufen (zum Beispiel blumige Noten) ausgemacht, dann werden Sie sehr vorsichtig rösten wollen:

- Halten Sie die Rösttemperaturen tief und schonen Sie damit die subtilen Aromen.
- Fraktionieren Sie eventuell Ihren Kakao in zwei Teile und rösten Sie diese unterschiedlich.

V. SCHRITT – PILOTRÖSTUNG

Mit dem Rösten des Kakaos können wir Chocolatiers erstmals und substantiell Einfluss auf den Rohstoff Kakao nehmen. Nutzen wir diese Chance, indem wir durch den Röstvorgang unsere ganz persönliche Handschrift entwickeln. Im Anbaugebiet ist der Kakao bekanntlich in den Händen der Farmer und wir können in der Regel nicht auf den Anbau einwirken.

Rösten Sie einen kleinen Teil Ihres Kakaos anhand des Röstprofils, welches Sie nach der Vorverkostung entworfen haben. Beachten Sie, dass Sie bei Bedarf später immer noch korrigieren können.

Vertiefen Sie Ihr Wissen zum Thema Rösten im Kapitel „Alchemie des Röstens“.

VI. SCHRITT – SENSORISCHE NACHVERKOSTUNG VON GERÖSTETEM KAKAO

Nach der Pilotröstung wird sich Ihr Kakao von einer ganz anderen Seite präsentieren. Sie werden nun eventuell Nuancen von Aromen ausmachen, die Ihnen im rohen Kakao verborgen geblieben sind. Die sogenannten Aromen-Präkursoren wurden durch das Rösten entwickelt und Ihr Kakao zeigt nun seine ganze Persönlichkeit. Widmen Sie der Nachverkostung besonders viel Aufmerksamkeit.

TIPP! Verkostungsteam

An dieser Stelle kann es angezeigt sein, dass Sie ein kleines Team an Degustatoren für die Beurteilung Ihrer Kakaos um sich scharen. Achten Sie darauf, dass Sie, wenn möglich, Zugang zu sensorisch geschulten oder zumindest sensorisch erfahrenen Personen haben. Stellen Sie sicher, dass Sie immer wieder auf dieselben Personen zurückgreifen können. So bildet sich mit der Zeit wertvolle Erfahrung in Ihrem Team. Es versteht sich von alleine, dass Sie Ihr Sensorikteam von Zeit zu Zeit mit Schokolade bei Laune halten ...

Vorgehensweise der Nachverkostung

Sie können die gleiche Vorgehensweise wählen wie bei der Vorverkostung. Alternativ oder ergänzend besteht die Möglichkeit, Ihren Kakao „heiß" zu verkosten. Gehen Sie dazu wie folgt vor:

- 20 g Kakao, geschält, im Mörser möglichst fein zerreiben.
- 5 g Zucker beigeben.
- 50 g Wasser (heiß) bei ca. 60 °C dem Kakao beigeben und rühren.

Diese Kakaolösung in einem für Wein geeigneten Probierglas zur Degustation reichen und ähnlich wie bei einer Weinprobe verkosten.

Degustationsglas für die Verkostung

Noch dauert es bis zur fertigen Schokolade.

VII. SCHRITT – BESTÄTIGUNG ODER NEUBEURTEILUNG DER PILOTRÖSTUNG

Stellen Sie sich die folgenden Fragen:

- Konnten Sie mit der Röstung erreichen, was Sie sich erhofft hatten?
- Wurden Ihre Erwartungen übertroffen?
- Sind neue Facetten aufgetaucht, die Sie im rohen Kakao nicht ausmachen konnten?
- Würden Sie mit den Erkenntnissen nach der Pilotröstung das Röstprofil überarbeiten wollen?

Entscheiden Sie sich, ob Sie mit dem Röstprofil zufrieden sind oder passen Sie dieses nachträglich nochmals an. Starten Sie in diesem Fall eine zweite Pilotröstung.

Bildquelle: SCA

Das Aromensteuerrad als Hilfsmittel (große Abbildung im Anhang auf S. 133)

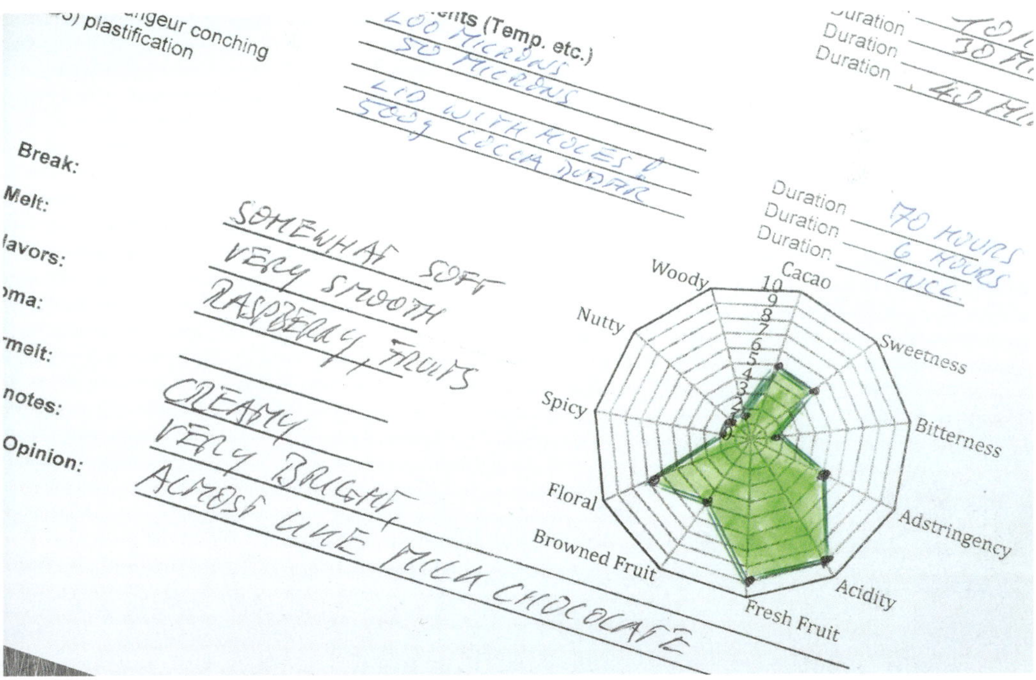

Das Aromendiagramm nach der Verarbeitung

ALCHEMIE DES RÖSTENS

GRUNDSÄTZLICHES ZUM THEMA RÖSTEN

Hier beginnt das Feld der persönlichen Entfaltung für jeden Chocolatier. Erstmals können wir auf den Rohstoff Kakao gestaltend und nachhaltig einwirken. Bis zu diesem Moment lag die Bearbeitung unserer Kakaos jenseits unserer Einflussnahme.

Jetzt sind wir gefordert. Beim Rösten geht es primär darum, **dem rohen Kakao sämtliche Aromen zu entlocken**. Es stellt sich somit die Frage, aus welchen Gründen das Rösten wichtig ist?

ENTFALTUNG DER AROMEN-PRÄKURSOREN

Nach der Fermentation und Trocknung von Kakao im Anbaugebiet sind eine Vielzahl sogenannter Präkursoren bzw. Aromenvorstufen in der Kakaobohne angelegt. Ohne das Rösten schlummern diese Aromenvorstufen und warten darauf, geweckt zu werden oder aber in Vergessenheit zu geraten. Durch den Röstprozess bzw. mit einem geeigneten Röstprofil sowie einem guten Verfahren können diese Vorstufen „aktiviert" und entwickelt werden.

An diesem Punkt der Chocolatierarbeit besteht **größtmögliche Einflussnahme** während der gesamten Prozesskette. Weder vor noch nach dem Rösten besteht nochmals ähnliche Wirkung unserer Arbeit in puncto Aromaentfaltung.

Es lohnt sich also, viel Zeit und Geduld in diese Arbeit zu investieren. Ihre zukünftigen Produkte erhalten bereits in dieser Phase maßgebende Teile ihres finalen Charakters.

Fermentation als Basis aller Aromen

VERBESSERUNG DER LEBENSMITTELSICHERHEIT

Roher Kakao ist oft eine schmutzige Angelegenheit. Dies erklärt sich durch die Verhältnisse des Anbaus, der Fermentation und der Trocknung.

Kakao wird in vielen Anbaugebieten unter freiem Himmel fermentiert. Damit die schweren Früchte nicht über weite Strecken getragen werden müssen, werden sie oft direkt in der Plantage fermentiert. Zentralisierte Fermentationsstationen werden zwar immer häufiger, aber wie geschrieben ist oft die Plantage der Arbeitsplatz der Bauern für das Fermentieren.

In den meisten Anbaugebieten wird der fertig fermentierte Kakao offen und großflächig ausgebreitet und an der Sonne getrocknet – nicht selten entlang der Straße. Dabei ist der Kakao sehr exponiert und kann zahlreichen Verunreinigungen ausgesetzt sein.

Die **thermische Behandlung** durch das Rösten eliminiert daher auch viele unerwünschte Keime, die unsere Kakaos zu jeder Zeit begleiten. Vor diesem Hintergrund müssen wir auch das Thema „Raw Chocolate" kritisch würdigen. Es stellt sich die Frage, ob der Sicherheit des Lebensmittels Kakao genügend Rechnung getragen wird ohne den Röstprozess.

Aber davon später ...

ANLAGEN UND MASCHINEN ZUM RÖSTEN

Sowohl der tüftelnde Hobby-Chocolatier als auch der Profi auf Entwicklungsmission können sich für die ersten Schritte beim Rösten mit einem Haushaltsbackofen mit Umluftfunktion begnügen. Ein **Ofen mit Umluftfunktion**, wie er heute Standard ist, wird gute Dienste leisten. Verwenden Sie für das Rösten idealerweise ein Lochblech, welches die Luftzirkulation im Ofen begünstigt und für ein regelmäßiges Röstergebnis sorgt. Rösten Sie dann mit aktivierter Umluftfunktion.

Rösten von 1 kg Kakaobohnen zuhause im Haushaltsbackofen

Wird der Maßstab geändert, dürfte der Haushaltsofen nicht mehr ausreichen und es stehen andere Röstgeräte zur Wahl. Zahlreich im Umlauf und preiswert sind **Gastronomie-Umluftöfen**. Diese sind auch mit Abkühlfunktion erhältlich. Bei einem Umluftgerät mit zwölf Schüben können in einem Durchgang bis zu 25 kg Kakao geröstet werden.

Rösten im Umluftofen in großen Mengen

Rösten von 10 kg pro Durchgang

Sehr stimmungsvoll und effektiv sind Trommelröster, die bei einer vergleichbaren Kapazität gegenüber einem Umluftofen allerdings schnell sehr voluminös werden. Wer eine Show-Produktion sein Eigen nennen kann, wird mit einem Trommelröster selbstverständlich viel Aufmerksamkeit auf seine Arbeit ziehen können.

HINWEIS! Kaffeeröster

Das Rösten in Trommelröstern einer Kaffeerösterei kann nur eingeschränkt empfohlen werden. Vor dem Rösten von Kakao müsste der Röster gründlich gereinigt werden. Ohne eine vorausgehende Reinigung würden von der Kaffeeröstung verbleibende Öle unsere delikaten Kakaoaromen in Mitleidenschaft ziehen.

RÖSTPROFILE UND RÖSTTEMPERATUREN

Das Röstprofil sollte mit einer **Vorwärmphase** beginnen. Dies stellt sicher, dass alle Kakaobohnen vor dem eigentlichen Rösten – unabhängig von der Kalibrierung der Bohnen – die gleiche Ausgangstemperatur haben. Ohne Vorwärmen besteht ein gewisses Risiko, dass große Bohnen nicht vollständig und bis in den Kern geröstet werden. Wärmen Sie die Bohnen also **fünf bis zehn Minuten bei 100 °C** vor.

Verglichen mit Kaffee wird Kakao bei relativ tiefen Temperaturen geröstet. Bei 115 °C beginnt bereits der eigentliche Röstpro-

Kakao wird bei verhältnismäßig tiefen Temperaturen geröstet.

zess. Wenn Sie besonders vorsichtig sein wollen, dann rösten Sie also bei Temperaturen von 120–125 °C.

Wenn Sie uninteressante Säuren oder andere unerwünschte Eigenschaften Ihres Kakaos „wegrösten" möchten, dann rösten Sie länger und bei ca. 130 °C. Wenn Sie zum Beispiel ein ausgeprägtes Raucharoma Ihres Kakaos mit ähnlich gelagerten und ähnlich intensiven Aromen ergänzen möchten, so rösten Sie bis maximal 145 °C.

Wenn Sie die Vorteile einer schonenden und einer intensiven Röstung kombinieren wollen, dann fraktionieren Sie Ihre Chargen in zwei Fraktionen. Will heißen: Rösten Sie einen Teil der Charge bei zum Beispiel 125 °C und den zweiten Teil bei beispielsweise 140 °C. Mehr zum Thema Fraktionieren weiter unten im Text.

INFO! Tiefe Temperaturen = mehr Aroma

Die sortentypischen Aromen eines jeden Kakaos werden bei tiefen Temperaturen am besten erhalten. Langes und sehr heißes Rösten führt zwingend zu aromenarmen Erzeugnissen.

Übersicht über die Rösttemperaturen

- 100 °C = Vorwärmtemperatur
- 115 °C = Röstbeginn
- 120 °C = besonders vorsichtiges Rösten
- 125 °C = schonendes Rösten
- 130 °C = moderates Rösten
- 135 °C = intensives Rösten
- 145 °C = starkes Rösten

Grobe Übersicht über die Röstdauer

Kakao wird vorzugsweise über eine längere Zeitdauer mit eher tieferen Temperaturen geröstet. Neben dem Vorwärmen können wir den Hauptdurchgang und unter Umständen eine Nachröstung unterscheiden.

- 5–10 Min. → Vorwärmen
- 15–25 Min. → Hauptdurchgang
- 5–10 Min. → Nachrösten
- 25–45 Min. → Röstdauer insgesamt

Über das Vorwärmen haben wir bereits geschrieben. Sehen wir uns nun den Hauptdurchgang an.

Beim **Hauptdurchgang** entscheiden wir über Sein oder Nichtsein unseres Kakaos. Misslingt der Hauptdurchgang, fällt unsere zukünftige Schokolade mit großer Wahrscheinlichkeit durch. Für den Hauptdurchgang ist es daher eminent wichtig, die richtigen Entscheidungen zu treffen.

Maßgebend ist die perfekte Kombination zwischen Temperatur und Zeit. Hier kommt die Intuition des Chocolatiers ins Spiel.

TIPP! Beispiel eines einfachen Röstprofils

- 10 Minuten vorwärmen bei 100 °C
- 30 Minuten rösten bei 125 °C

Dieses Profil würde zu einem sehr feingliedrigen Kakao passen.

Nach dem Hauptdurchgang bietet Ihnen das **Nachrösten** eine großes Feld an Spielereien an. Die einfachste Spielart ist, für kurze Zeit noch eine besondere Temperatureinstellung zu wählen. Alternativ beenden Sie zum Beispiel für 75 % des Röstgutes den Röstprozess nach dem Hauptdurchgang. Mit den verbleibenden 25 % kitzeln Sie besondere Aromen aus Ihrem Kakao. Dies nennt sich Fraktionieren.

Trommelröster am Zentralmarkt in Accra/Ghana

FRAKTIONIEREN WÄHREND DES RÖSTENS

Wenn Sie keine befriedigende Antwort auf die Anforderungen an das Rösten eines Ihrer Kakaos finden können, dann überlegen Sie sich, ob die Lösung eventuell in einer Fraktionierung des Röstgutes liegt.

INFO! Fraktionieren

Die passende Antwort auf sehr komplexe und anspruchsvolle Röstaufträge. Mit dem Fraktionieren können Sie sehr differenziert Kakao in dessen Aromenentfaltung unterstützen.

Entwickeln Sie beispielsweise ein Röstprofil, bei dem Sie nach Ende des Röstdurchgangs ein Viertel des Kakaos für kurze Zeit besonders intensiv rösten ...

TIPP! Aromenspektrum erweitern

Beispiel eines Röstprofils mit Aromenergänzung durch Fraktionierung

→ 10 Minuten vorwärmen bei 100 °C
→ 25 Minuten rösten bei 125 °C, danach Röstende für 75 % der Bohnen
→ 5 Minuten rösten einer verbleibenden Fraktion von 25 % der Bohnen bei 140 °C

Mit diesem Profil ergänzen Sie das Aromenspektrum Ihres Kakaos durch intensiveres Rösten einer Fraktion.

... oder entwickeln Sie ein Röstprofil, welches für Teile Ihres Kakao über die gesamte Röstdauer maximal 120 °C vorsieht.

TIPP! Bewahren subtiler Aromennuancen

Beispiel eines Röstprofils mit Aromenschonung einer Fraktion

→ 10 Minuten vorwärmen bei 100 °C
→ 20 Minuten rösten bei 120 °C, danach Röstende für 50 % der Bohnen
→ 10 Minuten rösten einer verbleibenden Fraktion von 50 % der Bohnen bei 140 °C

Mit diesem Profil erhalten Sie sich besonders heikle Aromennuancen eines Kakaos.

RAW CHOCOLATE – DER UMSTRITTENE VERZICHT AUF'S RÖSTEN

Die Rohkost-Bewegung setzt sich für einen besonders schonenden Umgang mit Rohstoffen ein. So weit, so gut. Dies ist im Ansatz durchaus zu begrüßen. Für Kakao bedeutet dies, dass unser wichtigster Rohstoff entlang der gesamten Bean-to-Bar-Prozesskette die maximale Temperatur von 42 °C nie überschreiten darf. Dieser Ansatz ist aus meiner Sicht gleich mehrfach problematisch.

Entfaltung der Aromenvorstufen

Durch die fehlende Röstung können sich die nach der Fermentation entstandenen Aromen nicht oder nur teilweise entfalten. Ich habe Kakaos gesehen, die ohne Röstung komplett verschlossen bleiben und deren Potential ohne Rösten nie ausgeschöpft werden kann. Dergestalt verarbeiteter Kakao ist aus meiner Sicht schlecht investiertes Geld. Schade auch um die sorgfältige und umsichtige Arbeit, die durch den Kakaofarmer erbracht wurde.

Überlegungen zur Lebensmittelsicherheit

Durch die fehlende Röstung werden Keime, die unsere Kakaos automatisch mit sich bringen, nicht oder nur teilweise abgetötet. Ich behaupte, dass ein Endprodukt aus nicht geröstetem Kakao ein erhöhtes Restrisiko für die Entfaltung von kritischen Keimen mit sich bringt – wenn keine anderen Maßnahmen zur Debakterisierung ergriffen werden.

Während der Verarbeitung können die Temperaturen 50 °C erreichen.

Reibungswärme oft über 50 °C

Alleine für das Verflüssigen der im Kakao angelegten Kakaobutter sind deutlich über 30 °C nötig. Je nach Verfahrenstechniken, die zur Herstellung der Schokolade zur Anwendung kommen, sind Temperaturen unter 42 °C eigentlich nur mit Kühlung (zum Beispiel wassergekühlte Walzwerke) der Maschinen möglich. Ob das sinnvoll ist, sei dahingestellt. Für Kleinbetriebe sind solche Geräte nicht oder nur sehr teuer am Markt erhältlich. Hier stelle ich die ketzerische Frage, wie genau es die verschiedenen Raw-Chocolate-Anbieter am Ende mit den Temperaturvorgaben der Raw-Bewegung nehmen?

Erst das Rösten vollendet das Aroma des Kakaos.

DIE LÄSTIGEN PARAGRAPHEN – LUFTREINHALTEVERORDNUNGEN

All jene, die sich mit dem Gedanken einer kommerziellen Umsetzung eines Bean-to-Bar-Projektes tragen, muss ich auf ein nicht unwesentliches Detail hinweisen. Nehmen Sie diese Warnung ernst, im schlimmsten Fall drohen Ihrer Chocolaterie kostspielige Investitionen oder eine Betriebsschließung.

HINWEIS! Gesetze beachten

In den mitteleuropäisch gedrängten Siedlungsverhältnissen haben sich ernsthafte Luftreinhaltegesetze und -verordnungen durchgesetzt. Die während des Röstprozesses anfallenden und fein duftenden Emissionen werden nicht von allen geschätzt!

Klären Sie sorgfältig ab, welche Bestimmungen Sie zu erfüllen haben, ohne mit dem Gesetzgeber in Konflikt zu geraten. Hobby-Chocolatiers dürfen sich an dieser Stelle beruhigt zurücklehnen.

UNENTBEHRLICHE UND ENTBEHRLICHE ROHSTOFFE

ZUCKER

Schokolade ist süß. Und zwar in verschiedenen Ausprägungen. Am meisten Zucker finden wir in der weißen Schokolade, die uns in diesem Buch jedoch am wenigsten beschäftigen wird. Die Wahl des Zuckers kann großen Einfluss auf unsere künftige Schokolade haben. Sensorisch, aber auch in Punkten des Marketings. Zucker ist nicht einfach „nur" Zucker …

Hauptbestandteil sind natürlich Kakaobohnen.

Zucker (Saccharose)

Der Kristallzucker. Weiß und vollständig raffiniert. Ohne jedes Aroma, ohne Persönlichkeit und komplett neutral. Mein persönlicher Favorit. Zudem ist er aus europäischer oder gar aus lokaler Produktion erhältlich. Dieser Zucker entwickelt und unterstützt die Aromen unserer Kakaos, ohne deren Aroma zu verfälschen. Herkömmlicher Kristallzucker bringt bei durchschnittlichen Wetterbedingungen ca. 1,5 % Restfeuchtigkeit mit in die Schokolade. Diese Restfeuchtigkeit müssen wir im Conchiervorgang wieder eliminieren.

Rohrohrzucker & Co.

Ebenfalls Saccharose, aber eben unraffiniert bzw. roh und mit allen Bestandteilen, die das Zuckerrohr ausmachen. Rohrohrzucker ist nicht aromaneutral und hat großen Einfluss auf die Aromatik unserer Kakaos. Er wird über große Distanzen herbeigeschafft und ist ergo von weit her kommend.

HINWEIS! Kein Puderzucker

Man mag versucht sein, den bereits sehr feinen Puderzucker für die Schokoladenherstellung zu verwenden. Beachten Sie, dass Puderzucker eine massiv höhere Restfeuchtigkeit aufweist, als dies bei Kristallzucker der Fall ist! Diese Restfeuchtigkeit verändert die Be- bzw. Verarbeitung Ihrer Schokoladen.

VORSICHT: Bei Puderzucker werden zudem vermehrt Antiklumpmittel beigemischt. Darauf können wir in unseren Schokoladen prima verzichten.

Andere Zuckerarten und Zuckerersatz

Neben dem klassischen Kristallzucker bietet sich eine Vielzahl an alternativen Zuckerarten dem Chocolatier an. Wir werden diese Zuckeralternativen an dieser Stelle nicht detailliert erörtern. Sie sind natürlich aufgefordert, mit entsprechenden Tests Ihre eigenen Erfahrungen zu machen.

Vollständig raffinierter Zucker

Roher Zucker aus Zuckerrohr

Aus Überzeugung habe ich es mir zur Philosophie gemacht, nur Schweizer Kristallzucker zu verarbeiten. Die Gründe dafür sind einfach: Wir vermeiden einerseits lange Transportwege. Andererseits wird die Schokolade bzw. der Kakao nicht durch rohstoffbedingte Eigenaromen beim Zucker „verfälscht". Mit dieser Philosophie war es mir gegenüber dem Konsumenten zudem stets möglich, den Charakter eines Herkunftskakaos zu betonen. Eine Schokolade aus kubanischem Kakao soll nach meinem Ermessen nach Kubakakao schmecken und nicht nach einer Kombination zwischen Kubakakao und Rohrohrzucker aus Brasilien.

WEITERE ROHSTOFFE

Kakaobutter

Kakaobutter zählt zu den unverzichtbaren Rohstoffen in der Kakaoverarbeitung und Schokoladenherstellung. Wir benötigen dieses äußerst hochwertige Fett einerseits, um den **Schmelz** und die **Sensorik** der Schokolade zu beeinflussen. Andererseits können wir mit der Beigabe von Kakaobutter eine Veränderung der **Fließeigenschaften** bzw. der Viskosität von Schokolade erreichen. Die Beigabe von Kakaobutter zur Kakaomasse soll möglichst früh erfolgen, damit sich die Aromen gut in das Fett einbinden können.

Kakaobutter ist meist raffiniert und desodoriert – daher geschmacklos – am Markt erhältlich. Kakaobutter wird in Blöcken,

Kakaobutter sorgt für den nötigen Schmelz der Schokolade.

Kakaobutter

Tropfen oder als feine Cryo-Kakaobutter angeboten. Selbstverständlich gibt es Kakaobutter auch bio-zertifiziert. Kakaobutter ist äußerst stabil und lange haltbar.

Andere Fette

In der Schweiz lässt die Lebensmittelverordnung den Einsatz einer Reihe anderer Fette – in einem beschränkten Umfang – in der Schokoladenproduktion zu. Aus meiner Sicht sind diese Fette jedoch ein Bedürfnis der Industrie und nicht von uns kleinen Bean-to-Bar-Produzenten.

Milchpulver

Wie kommt die Milch in die Milchschokolade? Mit Milch direkt ab Kuh können wir Chocolatiers nichts ausrichten. Die Milch muss komplett dehydriert in Pulverform vorliegen, damit wir sie in die Schokolade einarbeiten können. Auf die Herstellverfahren dieser Milcherzeugnisse wollen wir an dieser Stelle jedoch nicht näher eingehen.

Milchpulver

Zur Verfügung stehen die Varianten Magermilchpulver bzw. Pulver aus teilentrahmter Milch oder Vollmilchpulver. Sahnepulver kann je nach Projekt ebenfalls in Erwägung gezogen werden. Jede Form von Milchpulver wirkt sich auf die Haltbarkeitsdauer von Schokolade verkürzend aus.

ENTBEHRLICHE ROHSTOFFE

Lecithin

In fast allen handelsüblichen Tafelschokoladen des unteren und mittleren Preissegments kommt Lecithin zum Einsatz. In der Schokoladenindustrie wird dieser preiswerte Emulgator hauptsächlich und gerne eingesetzt, um Schokolade dünnflüssiger zu machen. Dank Lecithin kann der Hersteller 1–3 % teure Kakaobutter einsparen, mit welcher der gleiche, verflüssigende Effekt ebenfalls erreichbar wäre.

Bean-to-Bar-Schokoladen haben die Tendenz, sich schneller zu „entmischen“. Das bedeutet, dass eine homogene Masse immer nur so lange vorliegt, wie die Schokolade kontinuierlich gerührt wird. Wird die emulgatorfreie Bean-to-Bar-Schokolade nicht stets gerührt, trennt sich die Kakaobutter von den Feststoffen. Eine solch heterogene Schokolade wird nach dem Gießen und Ausformen keine Augenweide sein.

Wir Kleinhersteller von Bean-to-Bar-Schokoladen können gerne auf Emulgatoren verzichten. Mir wäre schon alleine eine Zutatenliste mit aufgeführtem Emulgator ein Dorn im Auge.

Mit einer kontinuierlichen Temperierung lässt sich allerdings auch lecithinfreie Schokolade perfekt verarbeiten.

Vanillin

Wer Vanille einsetzen mag in einer Bean-to-Bar-Schokolade, soll dies tun. Wenn schon, dann bitte natürliche Vanille. Aber bitte unter keinen Umständen Vanillin. Dieses synthetische Teufelszeug wollen wir in unserer Bean-to-Bar-Schokolade nicht sehen. Mit Vanillin versehene Produkte gebe ich sofort aus den Händen und zurück ins Regal.

Gute Schokolade kommt auch ohne zusätzliche Geschmacksgeber aus.

VEREDELUNG VON GERÖSTETEM KAKAO DURCH DEN HOBBY-CHOCOLATIER

Nachdem der rohe Kakao geröstet wurde, kann der Hobby-Chocolatier zur Tat schreiten. In einem ersten Prozessschritt muss der Kakao gebrochen und geschält werden. Ungeschälte Kakaobohnen weiter zu verarbeiten würde zu einer Schokolade minderer Qualität führen und alle vorhergehenden Mühen zunichtemachen.

Großartiger Kakao aus Baracoa/Kuba

I. SCHRITT – BRECHEN UND SCHÄLEN VON GERÖSTETEM KAKAO

Für bestmögliche Qualität unserer zukünftigen Schokolade muss der Kakao geschält werden. Damit wir den Kakao schälen können, wollen wir diesen erst brechen.

TIPP! Abkühlen lassen

Brechen und schälen Sie nie unmittelbar nach dem Rösten bzw. noch warmen oder heißen Kakao. Sie würden in der Ausbeute sehr schlecht abschneiden.

Kakaoschalen: Abfall oder Tee-Ersatz

Im kleinsten aller möglichen Maßstäbe brechen wir den Kakao **Bohne für Bohne von Hand**. Das ist natürlich mit sehr viel Aufwand verbunden. Aber auch sehr praktisch, denn bei händischem Brechen können wir gleich alle Schalenteile zu 100 % aussortieren. Wir können uns allenfalls mit einem **Nudelholz** oder irgendeinem anderen Gegenstand behelfen, der uns beim Brechen etwas entlastet.

Saubere Kakaonibs als Basis

Ist der Kakao gebrochen, können wir die Schalenanteile und idealerweise das Keimwürzelchen entfernen. Bei Kleinmengen kann dies von Hand geschehen. Ab einer Menge von ungefähr 500 g Kakao liefert ein sauberer **Haartrockner** wertvolle Dienste. Am besten im Freien mit dem Trockner die Schalen vorsichtig wegblasen.

INFO! Keimwürzelchen

Der Keimling der Kakaobohne ist nach dem Fermentieren und Trocknen ein hölzernes, ca. 4–8 mm langes Stäbchen. Die Zusammensetzung des Keimwürzelchens trägt in keinerlei Art und Weise zu einer positiven Entwicklung unserer Schokolade bei. Das Aussortieren des Keimwürzelchens ist in jedem Fall zu begrüßen.

Ob Sie Ihren Kakao ausreichend sauber geschält haben, erfahren Sie im Kapitel „Veredelung“ bei den Profis.

Keimwürzelchen: unerwünscht, aber schwierig abzutrennen

II. SCHRITT – VORMAHLEN VON GESCHÄLTEM KAKAO

Aus eigener Erfahrung empfehle ich Ihnen, die Kakaonibs (eventuell vorgewärmt) in einem Mixer gründlich vorzumahlen, bis sich der Kakao verflüssigt. Dieser zusätzliche Arbeitsschritt rechtfertigt sich aus den folgenden Gründen.

Entlastung Ihres Melangeurs

Die ersten Minuten des Kakaos im Melangeur beanspruchen Ihr Gerät am meisten. Selbst wenn Sie vorsichtig und Schritt für Schritt kleine Mengen Kakaonibs in den Melangeur geben, bleibt die Startphase

Vormahlen im Mixer (links) bzw. in der Handmühle (oben, links im Bild)

die heikelste Phase für Ihr Gerät. Wenn überhaupt, dann erleiden die meisten Geräte in exakt dieser Phase Schäden, bedingt durch Überbeanspruchung. Vorgewärmte Rohstoffe entlasten Ihr Gerät zudem substantiell.

Zeitersparnis

Durch das Vormahlen des Kakaos können bis zu zwei Stunden Laufzeit im Melangeur eingespart werden. Diese Verkürzung des Reibevorgangs kommt auch dem Aroma Ihrer Kakaos zugute. Sehen Sie dazu das neben stehende Thema der Aromaschonung.

TIPP! Temperatur beachten

Beachten Sie das Spiel mit verschiedenen Temperaturen und prüfen Sie bei jedem Prozessschritt, ob Sie mit Wärme den Prozess optimieren können. Stellen Sie sicher, dass Sie geeignete Thermometer zur Temperaturüberwachung zur Verfügung haben. Insbesondere kontaktloses Messen der Temperatur ist äußerst praktisch.

Aromaschonung

Im Spannungsfeld zwischen den Zielsetzungen für Feinheit und Schmelz Ihrer zukünftigen Schokolade sowie der dazu notwendigen Laufzeit im Melangeur befindet sich das Thema „Aromaschonung“. Je länger Ihr Melangeur läuft, desto größer das Risiko, dass Sie mit der Bearbeitung Ihrer Kakaos den Aromenzenit überschreiten. Die Schokolade wird dann zwar immer feiner im Schmelz, aber auch immer flacher im Aroma!

HINWEIS! Laufzeit beachten

Wird der Aromenzenit Ihres Kakaos durch zu lange Laufzeit im Melangeur überschritten, wird Ihnen auch die erzielte Feinheit bzw. der Schmelz nur noch mäßig Freude bereiten.

III. SCHRITT – REIBEN VON KAKAO IM MELANGEUR

Wenn Sie sich einen kleinen Melangeur angeschafft haben, so können Sie theoretisch Ihre Kakaonibs direkt in den Melangeur einspeisen und mit dem Reiben loslegen. Mit vorgewärmten Kakaonibs beschleunigen Sie den Prozess erheblich und entlasten den Melangeur. Das **Vorwärmen** geht am einfachsten **im Backofen bei 50 °C**.

INFO! Was ist ein Melangeur?

Ein Melangeur besteht im Wesentlichen aus einer sich drehenden runden Schüssel. In dieser Schüssel laufen zwei Granitwalzen auf einem Untergrund, der ebenfalls aus Granit besteht. Drehen sich die Walzen, erzeugt dies Reibung, welche zum Mahlen von Kakao oder anderen Rohstoffen einlädt.

Zwei Kleinmelangeure für Haushalt und Entwicklungsarbeit

Schalten Sie den Melangeur ein und geben Sie vorgewärmte Kakaonibs oder noch besser vorgemahlene Kakaonibs bei. Geben Sie in der Startphase nicht allen Kakao auf einmal bei! Dies würde Ihr Gerät überfordern.

Lassen Sie nun den Melangeur mit den Nibs für ca. **eine Stunde warm laufen**, bis eine Temperatur von ca. **45 °C** erreicht ist. Dann können Sie den **Zucker beigeben** und das Gerät weiter laufen lassen. Beachten Sie auch meine Tipps zum Thema Zucker im Kapitel „Unentbehrliche Rohstoffe".

TIPP! Gerät vorwärmen

Bevor Sie den Melangeur einschalten, haben Sie die Möglichkeit, das Gerät mit einem sauberen Haartrockner vorzuwärmen. Alternativ können Sie auch ein Terrarium-Heizkabel um Ihren Melangeur legen und diesen über mehrere Stunden vorwärmen. Das Vorwärmen wird Ihre Arbeit mit dem Melangeur zusätzlich beschleunigen und Ihr Gerät schonen.

Unterstützung beim Kauf eines Klein-Melangeurs

- Kaufen Sie für die ersten Schritte im Fach Bean to Bar ein Kleingerät. Das Experimentieren mit einem großen Gerät ist nicht nur anspruchsvoller. Jeder Versuch wird auch mit deutlich höherem Materialeinsatz verbunden sein. Entsprechend entwickeln sich die Kosten Ihrer Laborarbeit.
- Wenn Sie Ihren Melangeur kostengünstig im fernen Osten kaufen wollen, dann denken Sie stets an die Ersatzteilsituation.
- Damit Ihr Gerät nicht am Zoll hängen bleibt, sollten Sie mit dem Verkäufer oder Hersteller klären, ob alle technischen Anforderungen des Importlandes durch das Gerät erfüllt werden.
- Beachten Sie die angegebenen Kapazitäten der Geräte. Wird ein Gerät mit 3 l Kapazität pro Durchgang angepriesen, sollten Sie diese Angabe hinterfragen. Für sehr ansprechende Resultate können Sie die Hälfte der Kapazität annehmen.

SICHERHEIT BEI DER ARBEIT

LEBENSGEFAHR! Bei der Arbeit mit Melangeuren besteht erhebliche Gefahr für Arbeitsunfälle. Insbesondere die sich drehenden Granitwalzen stellen eine potentielle Einzugsgefahr dar. Bei Melangeuren für den Hausgebrauch mag die Gefahr noch überschaubar sein, bedingt durch die schwachen Motoren. Dennoch ist Vorsicht mit Halstüchern und anderen locker getragenen Kleidungsstücken sowie mit langen Haaren angezeigt.

VORSICHT! Die Herstellung von Schokoladen in kleinen Haushaltsmelangeuren entspricht meist nicht dem bestimmungsgemäßen Verwendungszweck dieser Geräte. Sie tun dies auf eigenes Risiko!

VORSICHT! Haushaltsmelangeure und andere Haushaltsgeräte dürfen unter keinen Umständen unbeaufsichtigt betrieben werden!

DER SCHRITT VOM HOBBY-CHOCOLATIER ZUM PROFI

GRUNDSÄTZLICHE HERAUSFORDERUNGEN BEIM UPSCALE

Zufrieden gönnen Sie sich nach vollendeter Entwicklungsarbeit ein Glas Wein und lehnen sich entspannt zurück. Noch ahnen Sie nicht, welche Hürden, welche technischen und räumlichen Knacknüsse zahlreich auf Sie warten. Dabei werden Sie stets auch die betriebswirtschaftlichen Aspekte im Auge behalten wollen. Schließlich wollen und müssen Sie als Profi Geld verdienen mit Ihren Bean-to-Bar-Schokoladen. Sie werden sehen, dass Sie sich bei jedem Entscheid im Spannungsfeld zwischen Effizienz in der Produktion und notwendigen Investitionen befinden.

Mit der Veränderung des Maßstabs, die der Wechsel hin zu einer kommerziellen Verwertung Ihrer Entwicklungsarbeiten mit sich bringt, kommen ganz neue Aufgaben auf Sie zu.

Schauen wir uns die größten Hürden genauer an.

GEEIGNETE RÄUMLICHKEITEN FÜR DIE PRODUKTION

Vielleicht haben Sie bereits eine laufende Produktion, in welche nun die eigene Schokoladenproduktion integriert werden soll. Vielleicht beginnen Sie auch ganz bei null und können gleich von Anfang an die Weichen richtig stellen. Wahrscheinlicher ist, dass Sie bereits irgendwelche Räume besitzen. Aus betriebswirtschaftlichen Überlegungen wäre es wünschenswert, möglichst viele Prozessschritte gleichzeitig bzw. parallel zueinander betreiben zu können. So kann die Brech- und Schälanlage, eine Kugelmühle, eine Conche und zusätzlich noch ein Vormahlwerk zur selben Zeit betrieben werden – vorausgesetzt, die räumlichen Gegebenheiten passen. Genau an diesem Punkt beginnen die Probleme.

Schmutzige Umgebung

Sie benötigen einen Raum für die äußerst schmutzigen Arbeitsschritte (Schritte: Brechen und Schälen). Diese beiden Arbeiten sind aus hygienischen Gründen nicht kompatibel mit dem Tagesgeschäft bzw. der

Wer ganz neu beginnt, hat von Anfang an freie Wahl.

Produktion von Fertigwaren (Confiseriewaren, Konditoreiwaren). Beim Brechen und Schälen von Kakao entsteht eine Menge Staub, der ein großes Risiko für Verunreinigungen darstellt. Sie sind daher auf eine Umgebung angewiesen, in der Schmutz geduldet werden kann.

Temperatur

Umgebung › 30 °C: Sie werden separate Räumlichkeiten wollen, in welchen hohe Temperaturen bis zu 35 °C geduldet werden können (Prozessschritte: Rösten, Mahlen/Reiben, Conchieren). Dass beim Rösten viel Abwärme entsteht, ist naheliegend. Das Mahlen und Rösten von Kakao verursacht viel mehr Wärme, als man es sich denken würde. Wenn Sie über mehrere Stunden Kakao vormahlen, wird perma-

Osterhasen und Tafeln ...

... mögen eine kühle Umgebung.

nent bis zu 60 °C warmer Kakao anfallen. Bei einer Stundenleistung von 25 kg sind nach vier Stunden 100 kg Kakao mit ca. 60 °C vor Ort. Auch gleichzeitig betriebene Maschinen zum Conchieren und andere Anlagen (Kugelmühle) strahlen zusätzliche Wärme ab.

Achten Sie bei einem solchen Raum darauf, dass Sie für die anfallende Abwärme eine entsprechende Abluftlösung sicherstellen können.

Umgebung 20 °C: Zuletzt wollen Sie einen Ort mit Temperaturen von 18–20 °C zu Ihrem Reich für die Verarbeitung der fertigen Schokoladen zählen können. Dort werden zum Beispiel Tafeln, Pralinen, Osterhasen oder sonstige Schokoladenstücke aus Ihrer eigenen Schokolade gegossen. Auch Osterhasen mögen's kühl ...

HINWEIS! Klimatisierung

Die Tendenz hin zu wärmeren klimatischen Bedingungen kann eine Klimatisierung Ihrer Räume notwendig machen. Insbesondere während der heißen Sommermonate ist eine Klimatisierung unerlässlich.

GEEIGNETE MASCHINEN UND MATERIALIEN

Brechen und Schälen

Das Brechen, Schälen und Reiben von 1,5 t Kakao bewältigt man natürlich nicht mehr von Hand. Da muss größeres Geschütz her. Zum Beispiel in Form einer **motorisierten Brech- und Schälanlage**. Die Anlage zum Brechen und Schälen von Kakao sollte, wenn möglich, eine Stundenleistung von 30–50 kg bieten. Geringere Leistungsdaten werden in Ihrer Kalkulation schnell zu einem Problem.

Vormahlen

Ein oder gar zwei Vormahlwerke empfehle ich Ihnen zudem dringend. Die Zeitersparnis und die Prozessflexibilität sind erheblich. Lesen Sie dazu auch im Kapitel „Halbfabrikate und deren Zwischenlagerung“ nach. Mit einem mehrstufigen Mahl- und Reibeverfahren reduzieren Sie schrittweise die Korngröße Ihrer gemahlenen Kakaos.

Reiben

Der Melangeur aus der Entwicklungsarbeit wird Sie für den kommerziellen Einsatz im größeren Maßstab nicht froh werden lassen. Vielleicht verwenden Sie in Zukunft einen größeren Melangeur zum Reiben oder als Conche. Oder vielleicht investieren Sie in eine potente Kugelmühle. Hier ein kurzer Vergleich der Vor- und Nachteile:

Melangeurtechnik: Aus Kostengründen wird in Manufakturen heute mehrheitlich mit sogenannten Melangeuren gearbeitet. Diese sind preiswert und weisen eine gute Leistungsfähigkeit auf. Der mit Melangeuren erreichbare Feinheitsgrad geht leider oft zulasten des Aromas. Sehen Sie dazu das Kapitel „Die verflixte Korngröße".

Kugelmahltechnik: Die etwas mehr finanziellen Aufwand erfordernde Lösung ist die Beschaffung einer Kugelmühle. Ich persönlich rate unbedingt zu dieser Lösung. Die Verfeinerung der Korngröße Ihrer Kakaos in einer Kugelmühle ist den Resultaten aus einem Melangeur in jedem Fall überlegen. Sie werden einen gewaltigen Unterschied zwischen einer Melangeurschokolade und einer Kugelmühlenschokolade feststellen.

Kugelmühle: Stahlkugeln erledigen den Job.

Walzentechnik: Wenn das Geld gar keine Rolle spielt, dann ist ein Mehrwalzwerk natürlich eine feine Sache. Zum Beispiel ein Dreiwalzwerk von Bühler. Mit einem solchen Gerät können Sie innerhalb kürzester Zeit Kakao feiner reiben als mit allen anderen bereits besprochenen Anlagen. Diese Mehrwalzwerke sind für eine optimale Performance wassergekühlt.

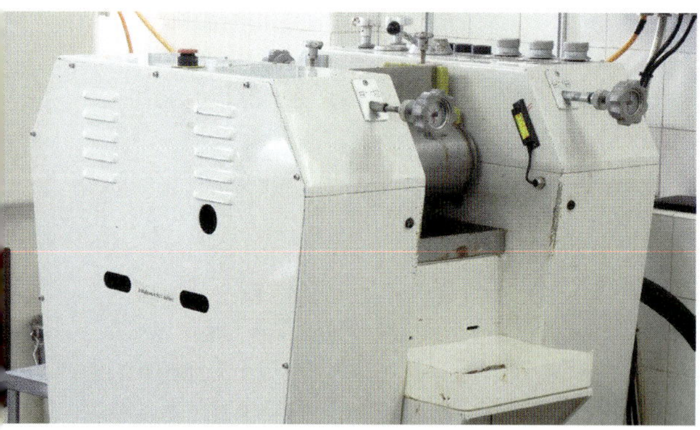

Mehrwalzwerk von Bühler

Um gut gerüstet an den Start zu gehen, benötigen Sie zudem einen umfangreichen Formenkreislauf an Schokoladenformen. Rechnen Sie idealerweise mit mindestens 200 Formen, die Sie nach Ihren persönlichen Wünschen mit Logo und Firmenname gestalten können. Mehr dazu im Kapitel „Formgebung für Schokolade".

> **Der Maßstabswechsel verlangt in jedem Fall nach schwerem Gerät und ausreichend Material!**

Vorteile Melangeur	Nachteile Melangeur
■ Preiswert ■ Einfach zu bedienen ■ Wenig störungsanfällig ■ Mehrere Prozesse in einer Technologie	■ Wenig aromenschonend ■ Korngröße ‹ 20 µm nur bedingt möglich ■ Mittelmäßiger Schmelz der fertigen Schokolade

Vorteile Kugelmühle	Nachteile Kugelmühle
■ Sehr aromenschonend ■ Sehr starke Reduktion des Kakaos (Schmelz) ■ Sehr schöner Schmelz der Schokolade	■ Teuer (je nach Hersteller) ■ Etwas aufwändigerer Prozess

Vorteile Mehrwalzwerk	Nachteile Mehrwalzwerk
■ Sehr aromenschonend ■ Sehr starke Reduktion des Kakaos (Schmelz) ■ Sehr schöner Schmelz der Schokolade ■ Schnelle Verarbeitung der Schokolade	■ Teuer (je nach Hersteller) ■ Etwas aufwändigerer Prozess ■ Nachgelagerter Conchiervorgang zwingend

Auch im Melangeur wird Schokolade fein.

Ohne Formen keine Tafeln

BETRIEBSWIRTSCHAFTLICHE ÜBERLEGUNGEN

Wenn Sie Kakao zu vertretbaren Preisen einkaufen möchten, sprechen wir sehr schnell von Bezügen über 1–2 t Ware. Das wären 15 bis 30 Kakaosäcke. Bei einem Gewicht von 80 g pro Tafel werden Sie je nach Zusammensetzung und Rezeptur bis zu 25.000 Tafeln absetzen müssen, um 2 t Kakao loszuwerden.

Es lässt sich einfach erkennen, dass aus 1 kg rohem Kakao am Ende wieder 1 kg Schokolade wird. Der Verlust aus Rösten,

TIPP! Faustregel zur groben Mengenbestimmung

1000 kg roher Kakao in Säcken
– 5–7 % Röstverlust (Restfeuchtigkeit)
– 20 % Schälverlust (Schale, Keimling und etwas Kakao)
– 2 % Conchierverlust (Restfeuchtigkeit)
+ 25 % Beigabe Zucker
+ 10 % Beigabe Kakaobutter (Ø)

= ca. 1000 kg fertige Schokolade

Schälen und Conchieren wird durch die Beigabe von Zucker und Kakaobutter mengenmäßig wieder wettgemacht.

Sie sehen, das sind schon stolze Mengen, die jedem etablierten Confiseur sehr gut anstehen. Im Einmannbetrieb sind solche Mengen kaum zu verarbeiten. Auch Maschinen und Anlagen sollten in deren Leistungskapazität nicht zu knapp ausgestattet sein. Planen Sie großzügig. Das kostet zwar etwas mehr, dafür haben Sie danach für eine Weile Ruhe und können sich auf die Produktion konzentrieren.

DIE VERFLIXTE KORNGRÖSSE

Die alles bestimmende Größe für Feinheit und Schmelz und damit auch für das Mundgefühl beim Genießen der Schokolade ist die Korngröße des geriebenen Kakaos sowie aller übrigen eingesetzten Rohstoffe (zum Beispiel Zucker, Milchpulver). Was meinen wir mit Korngröße?

Die Korngröße ist die Einheit gemessen in Mikrometer, die wir feststellen können, wenn wir unsere gemahlenen und geriebenen Kakaos auf deren **Feinheit** untersuchen.

Je feiner das einzelne Korn, desto angenehmer der Schmelz der Schokolade bzw. das Mundgefühl. Bestimmt haben Sie im Verlauf Ihrer Bean-to-Bar-Karriere auch schon die mehlige bis sandige Konsistenz von Schokolade erfahren. So macht Schokolade natürlich wenig Spaß.

Gute Qualität ist die Basis – die Korngröße sorgt für das passende Mundgefühl.

FEINHEIT UND SCHMELZ

Die Feinheit des Kakaos bestimmt den Schmelz und das Mundgefühl beim Genuss. Ein möglichst feines Korn hat daher direkten Einfluss auf die wahrgenommene Qualität einer Schokolade. Auch für einen ungeschulten Konsumenten ist die mehlig-sandige Konsistenz einer ungenügend geriebenen Schokolade einfach feststellbar. Ein solches Produkt wird beim Konsumenten durchfallen.

INFO! Wahrnehmung der Korngröße

Grobe sensorische Beschreibung des Mundgefühls:
+/– 150 µm = sehr grob und körnig, kein Schmelz
> 50 µm = grob, grießig, trocknend, noch kein Schmelz
+/– 30 µm = mehlig, trocknend, wenig Schmelz
+/– 20 µm = noch leicht mehlig, bereits angenehm cremig
< 15 µm = cremig und angenehm fein schmelzend
< 10 µm = extrem cremig, sehr fein schmelzend

FEINHEIT UND AROMA

Die erreichte Feinheit des einzelnen Korns Ihrer gemahlenen und geriebenen Kakaos hat aber auch wesentlichen Einfluss auf das Aroma. Ein ungenügend reduziertes Korn hat zur Folge, dass die vorhandenen Aromen Ihrer Kakaos nicht vollständig zum Tragen kommen können. Aromen bleiben dann in den groben Körnern „gefangen".

INFO! Korngröße in Zahlen

150 µm = erreichbare Korngröße mit einem Haushaltsmixer
20 µm = erreichbare Korngröße mit einem Haushaltsmelangeur*
15 µm = erreichbare Korngröße mit einem Profimelangeur*
10 µm = erreichbare Korngröße mit einer Kugelmühle
> 5 µm = erreichbare Korngröße mit einer Kombination Kugelmühle/Mehrwalzwerk

* eventuell nur mit Aromenverlusten zu erreichen

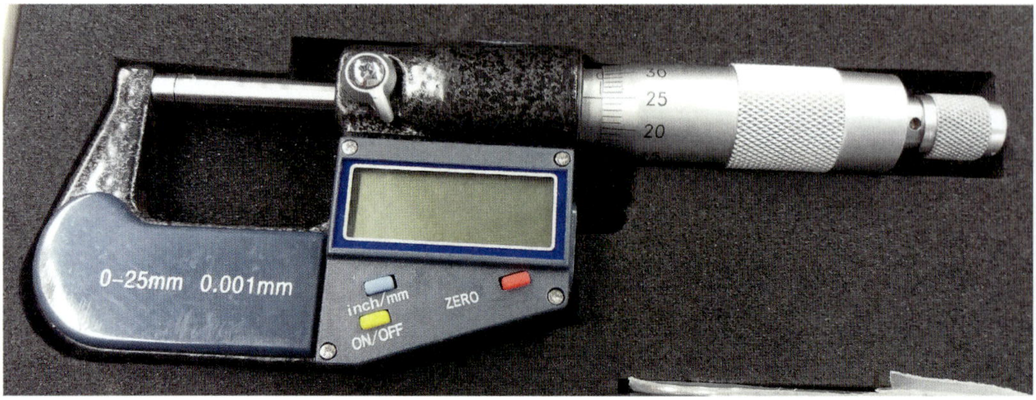

Messung der Korngröße mit dem Mikrometer

KLEINES KORN VS. AROMAVERLUST

Je nach Ihren technischen Möglichkeiten kann das Streben nach Feinheit und Schmelz bei Ihren Schokoladen auch zu unerwünschten Effekten führen. Besitzer eines Haushaltsmelangeurs werden feststellen, dass die Laufzeit des Melangeurs, die Feinheit des Korns und allfälliger Aromenverlust eine Korrelation bilden. Mit anderen Worten: Auf der Suche nach Feinheit kann Aroma verloren gehen.

Achten Sie daher darauf, dass Sie Ihre Kakaos insbesondere beim Einsatz der Melangeurtechnik nicht totreiben ...

Mit dem Grindometer exakt Bescheid wissen ... Präzisionsinstrument von TQC Sheen

Im Kapitel „Vom Hobby-Chocolatier zum Profi“ haben wir aus diesem Grunde die Möglichkeit eines Vormahlwerkes besprochen. Durch das Vormahlen des Kakaos wird das Korn bei voller Aromenschonung massiv reduziert.

VERSCHIEDENE KORNARTEN

Korn ist nicht gleich Korn. Das Reiben von Kakao im Melangeur „produziert“ ein ganz anders strukturiertes Korn als das Reiben von Kakao in der Kugelmühle.

VEREDELUNG VON GERÖSTETEM KAKAO IM KOMMERZIELLEN KONTEXT

. SCHRITT – BRECHEN VON GERÖSTETEM KAKAO

Damit unser gerösteter Kakao von den Schalenanteilen befreit werden kann, muss dieser zuerst gebrochen werden.

TIPP! Erkalteten Kakao brechen

Beginnen Sie nicht gleich nach dem Rösten mit dem Brechen. Beim Brechen von warmem Kakao zerfällt die Kakaobohne in sehr viele sehr feine Bestandteile, die beim Abtrennen nicht mehr optimal von den Schalenanteilen zu unterscheiden sind. Ihre Ausbeute an verwertbarem Kakao wäre dadurch sehr schlecht bzw. Ihr Schälverlust hoch.

Mit einer einfachen Quetschvorrichtung brechen die Kakaobohnen sofort auf. Stellen Sie dabei sicher, dass der Brechvorgang kein zu feines Resultat liefert. Wird zu fein gebrochen, besteht das Risiko einer schlechten Ausbeute.

INFO! Bruch

Grober Bruch: Bei grob gebrochenem Kakao fällt wenig Kakaostaub an. Die Ausbeute nach dem Abtrennen der Kakaoschalen wird sehr gut sein. Durch den groben Bruch wird jedoch ein höherer Schalenanteil am Kakaokern haften bleiben. Dadurch besteht die Möglichkeit von Schalenanteilen in den Nibs.

Feiner Bruch: Kakaostaub ist wertvoller Rohstoff und reduziert die Ausbeute beim Abtrennen der Kakaoschalen. Fein gebrochener Kakao weist tendenziell mehr Kakaostaub auf. Durch das Abtrennen der Schalen wird feiner Kakao unvermeidbar mit ausgesondert. Die Ausbeute kann dadurch stark reduziert werden.

Handbetriebene Brechvorrichtung

Kleingerät zum Schälen von Kakao

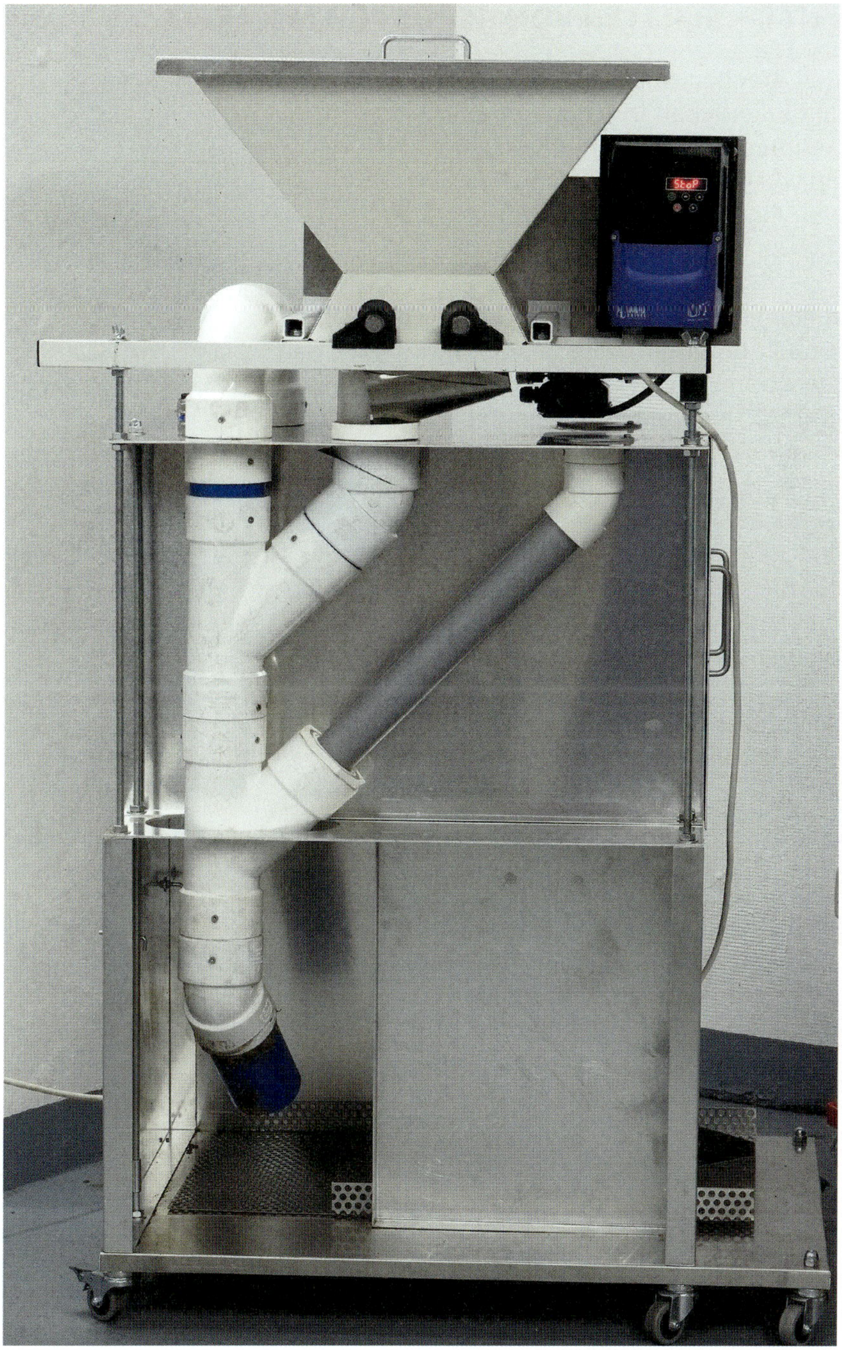

Brech- und Schälanlage: 40 kg Kapazität pro Stunde

II. SCHRITT – SCHÄLEN VON GERÖSTETEM KAKAO

Ob Sie das Brechen und das Schälen in einem kontinuierlichen Durchlauf oder in zwei getrennten Schritten erledigen können, hängt von Ihrer Bereitschaft zu Investitionen ab. Ein kontinuierlicher Vorgang ist natürlich zu bevorzugen.

Keine Schälanlage ist perfekt! Ein kleiner Anteil Schalen bei Ihren Kakaonibs bzw. ein vergleichbarer Anteil Nibs/Kakao (in Pulverform) bei Ihren abgetrennten Schalen muss erwartet werden. Idealerweise erreichen Sie mit dem von Ihnen bevorzugten Gerät auch eine Abtrennung des Keimwürzelchens.

Beachten Sie bitte, dass der **Schälverlust bei kleinen, leichten Kakaobohnen** immer **deutlich höher** ist als bei größeren Bohnen. Dies erklärt sich auch dadurch, dass der Schalenanteil an einer kleinen, leichten Kakaobohne grundsätzlich größer ist.

INFO! Industriestandard

Rechnen Sie in Ihrer Kalkulation mit einem Schälverlust von rund 20 %. Der Industriestandard für das Abtrennen von Schalenanteilen und Keimwürzelchen liegt bei weniger als 1,5 % Schalenanteile in den Kakaonibs.

Die einfachsten und kostengünstigsten Schälanlagen basieren auf dem Prinzip der Trennung von schweren (Kakaokern) und leichten (Kakaoschalen) Bestandteilen in einem Fallstromverfahren. Mit etwas technischem Geschick und Geduld können Sie sich eine Brech- und Schälanlage auch selbst herstellen.

Die auf der vorigen Seite abgebildete Anlage habe ich mir während mehrerer Wochen selbst erstellt.

III. SCHRITT – AUSSIEBEN VON UNGESCHÄLTEN KAKAONIBS

Wenn die Ausbeute hoch und der Durchlauf schnell sein sollen, dann werden für ein optimales Resultat oft zwei Schäldurchläufe nötig. Sieben Sie die ungenügend gebrochenen und schlecht geschälten Bestandteile aus und wiederholen Sie den Brech- und Schälprozess.

TIPP! Lochblech

Oft ist ein Lochblech aus Edelstahl für das Aussieben ausreichend. Ich habe gute Erfahrungen mit einer 8-mm-Lochung gemacht.

Saubere Kakaonibs nach dem Aussieben

INFO! Allgemeines zum Brechen und Schälen von Kakao

Nicht jeder Kakao ist gleich. Entsprechend benötigen die verschiedenen Kakaosorten unterschiedliche Einstellungen auf Ihrer Brech- und Schälanlage. Diese Einstellungen können sich auch bei neuen bzw. zukünftigen Kakao-Chargen gleicher Herkunft verändern. Daher ist eine Neueinstellung vor jedem Durchgang unerlässlich. Der gebrochene Kakao bleibt qualitativ übrigens unverändert und gleich wie das Ausgangsmaterial. Flache, unterfermentierte, schieferige oder schimmlige Kakaobohnen werden Sie gegebenenfalls auch im Kakaobruch wiederfinden.

IV. SCHRITT – 1. VORMAHLEN VON KAKAONIBS ZU KAKAOMASSE

Sobald die von den Schalen befreiten Kakaonibs vorliegen, kann es mit dem ersten Mahlvorgang losgehen. Nutzen Sie dazu zum Beispiel einen Mixer größeren Maßstabs.

Besser und effizienter fahren Sie mit einer Maschine, die einen kontinuierlichen Durchlauf ermöglicht. Sehr gut geeignet zur Zweckentfremdung sind Mühlen für Erdnussbutter. Die unten portraitierte Mühle habe ich in Swasiland beschafft. Nach einigen Startschwierigkeiten und Modifikationen ging es dann richtig flott zur Sache!

Vormahlwerk – Reduktion auf 200 µm

TIPP! Erdnussmühlen als Vormahlwerk

Erdnüsse und Kakao sind sich in einem Punkt sehr ähnlich: Beide verfügen über einen hohen Fettanteil. Für unsere Kakaos benötigen wir eine Mühle, die mit fetthaltigen Saaten umgehen kann. Erdnussmühlen sind dazu sehr gut geeignet.

Die Mahlresultate bewegen sich mit der Erdnussmühle aus Swasiland um 25 kg pro Stunde und mit einer Korngröße nach dem Mahlen von +/– 200 µm.

Unsere Erdnussmühle aus Swasiland wurde ursprünglich für den Feldeinsatz in Afrika konstruiert. Marke: „Heavy Duty & Unzerstörbar".

Je nach gewählter Technik bietet ein Vormahlwerk auch zusätzliche Sicherheit, um Fremdkörper auszusortieren. Nach dem Brechen und dem Schälen können sich immer noch Steinfragmente unter den Kakaonibs befinden!

V. SCHRITT – 2. VORMAHLEN VON KAKAOMASSE

Mit einer Kolloidmühle lässt sich das Korn des vorgemahlenen Kakaos sehr effizient weiter reduzieren. Wir haben unsere Swasi-Mühle und die Kolloidmühle in eine Linie gebracht und parallel betrieben. Die vorgemahlene Masse geht direkt in die Kolloidmühle. Die danach vorliegende Kakaomasse wird in der Korngröße bereits auf +/– 50 µm verfeinert sein. Sie können die so entstandene Kakaomasse nun direkt in eine Kugelmühle oder einen Melangeur vorlegen.

HINWEIS! Hitzeentwicklung

Kolloidmühlen drehen mit mindestens 3000 Umdrehungen pro Minute und produzieren erheblich Abwärme. Kolloidmühlen sind aus diesem Grund immer wassergekühlt. Ohne die Kühlung kann es sein, dass der Kakao verbrennt und die Maschine zerstört wird! Betreiben Sie daher eine Kolloidmühle nie ohne Kühlung. Vermeiden Sie die Verarbeitung von Zucker in der Kolloidmühle. Wir haben keine positiven Erfahrungen damit gemacht.

Nach diesem zweiten Vormahlschritt besteht die Möglichkeit, die Kakaomasse in Blöcke zu gießen und als Halbfabrikat kompakt zu lagern. Sehen Sie dazu weitere Informationen im Kapitel „Halbfabrikate & Zwischenlagerung".

Kolloidmühle (links) und Reduktion auf ca. 50 µm (oben)

VI. SCHRITT – HAUPTMAHLDURCHGANG ZU SCHOKOLADE UND BEIGABE VON KAKAOBUTTER & ZUCKER

Nun haben wir perfekt vorgemahlene Kakaomasse vor uns und es folgt der alles bestimmende Hauptmahldurchgang. Es stehen uns verschiedene Technologien zur Verfügung, um unsere Schokolade weiter zu verfeinern.

Vorlage von Kakao

Ob mit einer Kugelmühle oder mit einem Melangeur: Nun ist es an der Zeit, den Kakao bis zur endgültigen Feinheit zu reiben. Geben Sie dazu den vorgemahlenen, flüssigen Kakao in das Gerät Ihrer Wahl. Star-

Mit dem Melangeur von A–Z zur Schoggi

INFO! Faktor Zeit

10–30 Stunden für das Hauptmahlen im Melangeur
24–72 Stunden für das Hauptmahlen in der Kugelmühle
1–5 Stunden für das „Hauptmahlen" bzw. Reiben auf einem Mehrwalzwerk

Kugelmühle von Selmi

ten Sie den Reibeprozess. Je nach Menge, Vormahlgrad und Zielfeinheit kann dieser Prozess zehn bis 72 Stunden dauern. Bei Verwendung eines Walzwerks muss der Zucker mit der Kakaomasse zuvor gemischt werden.

Beigabe von Zucker

Gleich zu Beginn oder während des Hauptmahldurchgangs wird der Zucker beigefügt. Dies gilt für die Arbeit mit der Kugelmühle wie auch für die Arbeit mit dem Melangeur.

HINWEIS! Restfeuchtigkeit von Zucker

Beachten Sie, dass Zucker bis zu 2 % Restfeuchtigkeit aufweisen kann. Vermeiden Sie unbedingt den Einsatz von Staubzucker, da dieser noch deutlich mehr Restfeuchtigkeit in Ihre Schokolade bringen würde.

Beigabe von Kakaobutter

Während des Hauptmahldurchgangs wird ganz oder teilweise die Kakaobutter beigegeben. Die Menge bemisst sich an der angestrebten Fließeigenschaft bzw. Viskosität der Schokolade und ist von Kakao zu Kakao unterschiedlich.

TIPP! Früh zugeben

Geben Sie so früh wie möglich die Kakaobutter bei. Wenn Sie sich nicht sicher sind, wie viel Kakaobutter benötigt wird, um Ihr Ziel zu erreichen, setzen Sie eine Teilmenge ein. Das Aroma Ihres Kakaos soll so schnell wie möglich in die Kakaobutter eingebunden werden.

VII. SCHRITT – GROBE BESTANDTEILE BESEITIGEN UND ABSIEBEN

Nach dem Hauptmahldurchgang rate ich dazu, die entstandene Schokolade abzusieben. Ich habe sehr gute und auch schnelle Resultate mit einer Maschengröße von 0,5 mm erzielt.

TIPPS! Sieben

Das Entfernen von groben Bestandteilen mit einem Sieb mit einer Maschengröße von 0,5 mm verfeinert Ihr Produkt zusätzlich.

Zur Beschleunigung des Siebevorgangs kann eine Vibrationseinheit eingesetzt werden. Alternativ behilft man sich der Zentrifugalkraft (siehe Bild mit Sieb zu Melangeur).

Schokoladen aus Kugelmühlen können noch kleine Krümel an harten Schalenanteilen enthalten, die beim Mahlvorgang nicht zerkleinert wurden. Diese zu entfernen verbessert Ihre Schokolade zusätzlich. Dadurch wird auch ein reibungsloser Gießvorgang auf Ihrer Gießanlage unterstützt.

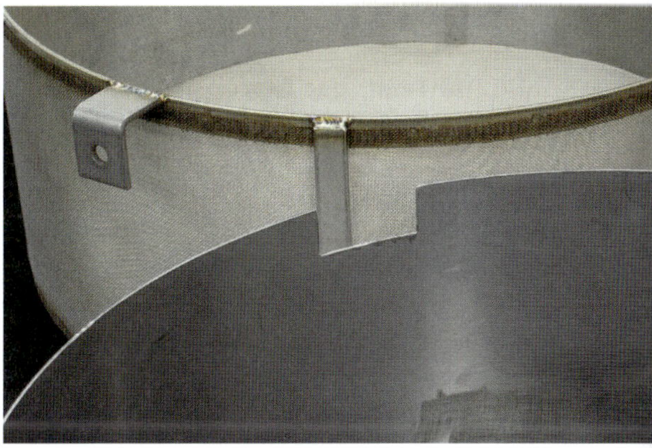

Grobes Material wird ausgesiebt.

VIII. SCHRITT – CONCHIEREN DER NAHEZU FERTIGEN SCHOKOLADE

Chocolatiers, die sich für die Melangeurtechnik entscheiden, erhalten den Prozess des Conchierens automatisch und kostenlos „mitgeliefert". Der Mahlvorgang im Melangeur beinhaltet sozusagen das gleichzeitige Conchieren.

Chocolatiers mit Kugelmühlen und Walzwerken müssen unbedingt einen zusätzlichen Prozessschritt für das Conchieren einkalkulieren.

Im Melangeur geschieht das Conchieren quasi nebenbei.

INFO! Conchieren

Beim Conchieren wird die Schokoladenmasse kräftig bearbeitet. Bei diesem Vorgang erwärmt sich die Masse auf bis zu 65 °C und restliche Feuchtigkeit entweicht in Form von Wasserdampf aus der Schokolade – wodurch diese geschmeidiger wird und besser fließt. Dabei gehen teils unerwünschte wasserdampflösliche Substanzen verloren. Mit dem Conchieren kann erheblich Einfluss auf den endgültigen Charakter der Schokolade genommen werden. Es können zum Beispiel zu stark ausgeprägte Säuren eliminiert oder dominante Aromen geglättet werden.

Conchieren in der Conche

Wer es sich leisten kann, besorgt sich eine richtige Conche für den essentiellen Vorgang des Conchierens.

Zwei Modelle von Conchen

Conchieren im Melangeur

Meinen Zeilen ist leicht zu entnehmen, dass ich ein Verfechter der Schokoladenproduktion mit Kugelmühlen bin. Auf dem langen Weg zur eigenen Schokolade habe ich aber auch meinen großen Melangeur schätzen gelernt. Meinen Melangeur habe ich schlussendlich als Conche verwendet und hervorragende Resultate damit erzielt. Insbesondere das Abtrocknen der Masse sowie die Glättung der Aromen durch das Conchieren funktionieren hervorragend im Melangeur. Die Conchierdauer ist stark abhängig von der Kakaosorte wie auch vom Volumen in Bearbeitung. Drei bis sechs Stunden waren für meine Kakaos die Regel.

TIPPS! Für gutes Gelingen

Die Zufuhr von Luft ist entscheidend für den erfolgreichen Conchiervorgang. Schließen Sie das Conchiergerät daher nie mit einem luftdichten Deckel.

Wenn Sie mit einem Melangeur conchieren, dann beschaffen Sie sich doch einen zweiten Deckel und versehen diesen mit Lüftungslöchern. Bei sehr feinen Kakaos schont dieser Deckel das Aroma und Wasserdampf kann dennoch entweichen. Zudem haben es im Sommer die lästigen Fruchtfliegen etwas schwerer …

IX. SCHRITT – ENTSORGUNG

Im Prozesschritt II haben wir uns über das Schälen von Kakao unterhalten. Beim Schälen fallen bis zu 20 % Schalenanteile an. Bei 1 t Kakao sprechen wir bereits von 200 kg Schalen, die es zu entsorgen gilt. Oder vielleicht doch nicht? Schauen wir uns an, was mit den Schalen geschehen kann. Denn Kakaoschalen sind nicht per se wertlos:

- **Verwertung zu Tee:** Ich wurde immer mal wieder von dankbaren Abnehmern kontaktiert, die Kakaoschalen zum Brühen von Tees einsetzen wollten. Na dann, bitte schön …
- **Ab in die Biogasanlage:** Die Verwertung zu Biogas ist – bei räumlicher Nähe einer solchen Anlage – bestimmt eine sinnvolle Option.
- **Kompostierung:** Kakaoschalen lassen sich selbstverständlich auch kompostieren.
- **Verfütterung:** In der Schweinemast werden die nährstoffreichen Kakaoschalen ebenfalls geschätzt. Die Schalen müssen dazu jedoch – dem Tierwohl zuliebe – garantiert frei von Verunreinigungen, wie Kunststoffteile, Schnüre etc., sein.
- **Substrat für Pflanzenkulturen:** Kakaoschalen eignen sich auch für die Aufwertung von nährstoffreichen Erden für Pflanzenkulturen. Ich wurde mehrfach von Pilzzüchtern kontaktiert und um Kakaoschalen gebeten.

Es versteht sich von selbst, dass die Entsorgung von Kakaoschalen einen Kostenfaktor darstellt. In diesem Sinne kann es sich durchaus lohnen, die eine oder andere oben aufgeführte Option zu prüfen, um so die Entsorgungskosten zumindest zu reduzieren.

EINIGE GEDANKEN ZU SICHERHEIT UND HYGIENE FÜR PROFIS

LEBENSMITTELSICHERHEIT – GUTE HERSTELLPRAXIS & HACCP

Auch von einem Kleinbetrieb werden heute Konzepte betreffend die gute Herstellpraxis (GHP) und die Lebensmittelsicherheit erwartet. Widmen Sie diesem Thema insbesondere dann Aufmerksamkeit, wenn Sie Ihren Betrieb neu aufbauen. Sie haben bei einem Neuaufbau die Möglichkeit, gleich von Beginn an die Weichen richtig zu stellen. Insbesondere im Umgang mit Kakao ist ein seriöses Monitoring Gold wert.

Ihre amtlichen Ansprechpartner werden Sie dazu anhalten, die Lebensmittelsi-

Kakao gilt als unsicheres Lebensmittel.

HINWEIS! Inverkehrbringen eines unsicheren Lebensmittels

Beachten Sie, dass Sie als Importeur und/oder Käufer von rohem Kakao als Inverkehrbringer eines unsicheren Lebensmittels gelten. Unsicher bedeutet in unserem Fall, dass noch keine Instanz den rohen Kakao „sicher“ gemacht hat. Die „Sichermachung“ kann durch mehrere geeignete Maßnahmen erzielt werden, so dass am Ende ein unbedenkliches und sicheres Lebensmittel Ihren Betrieb bzw. Ihre Chocolaterie verlässt. Unbedenklich wiederum bedeutet, dass keine Gefährdung des Konsumenten von Ihrem Erzeugnis ausgeht.

cherheit und Unbedenklichkeit mittels geeigneter Analysen aus den Bereichen Pflanzenschutzmittelrückstände, Aflatoxine (Schimmelpilzgifte) und Mikrobiologie zu belegen.

PFLANZENSCHUTZMITTELRÜCKSTÄNDE

Ich empfehle Ihnen, Ihre Kakaobohnen bzw. eine Stichprobe davon gleich nach Erhalt im Labor auf Pflanzenschutzmittelrückstände und Aflatoxine (Schimmelpilzgifte) untersuchen zu lassen. Um Geld zu sparen, kann eine „gepoolte“ Analyse von verschiedenen Kakaos interessant sein. Dies bedeutet, dass Sie eine Mischprobe

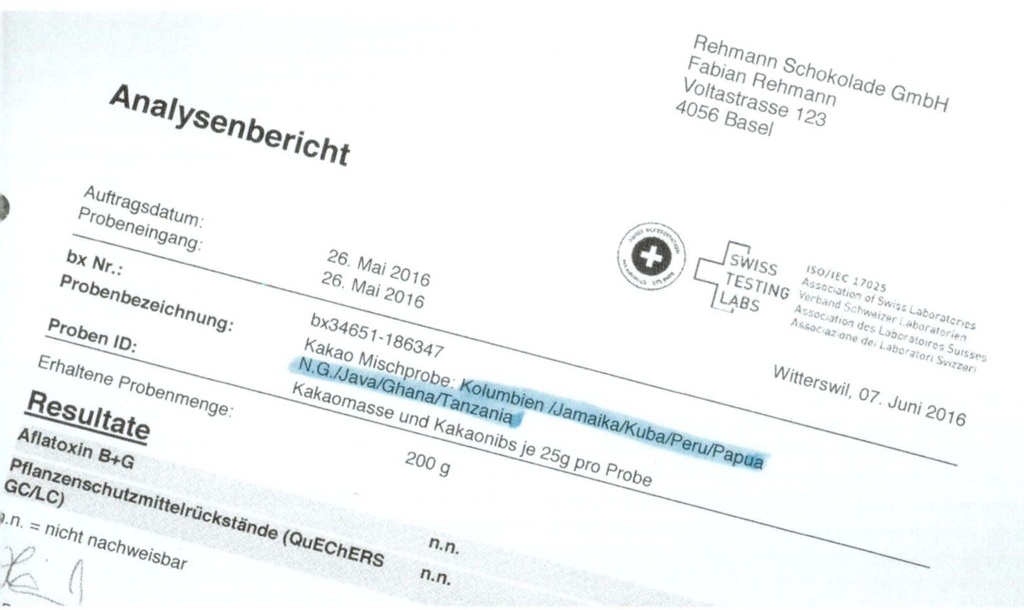

Rehmann Schokolade GmbH
Fabian Rehmann
Voltastrasse 123
4056 Basel

Analysenbericht

SWISS TESTING LABS
ISO/IEC 17025
Association of Swiss Laboratories
Verband Schweizer Laboratorien
Association des Laboratoires Suisses
Associazione dei Laboratori Svizzeri

Witterswil, 07. Juni 2016

Auftragsdatum:	26. Mai 2016
Probeneingang:	26. Mai 2016
bx Nr.:	bx34651-186347
Probenbezeichnung:	Kakao Mischprobe: Kolumbien /Jamaika/Kuba/Peru/Papua N.G./Java/Ghana/Tanzania
Proben ID:	Kakaomasse und Kakaonibs je 25g pro Probe
Erhaltene Probenmenge:	200 g

Resultate

Aflatoxin B+G	n.n.
Pflanzenschutzmittelrückstände (QuEChERS GC/LC)	n.n.

n.n. = nicht nachweisbar

Analysenbericht für eine Mischprobe

an Ihr Labor übermitteln. Diese Mischprobe beinhaltet Stichproben mehrerer Kakaos. Bei negativer Berichterstattung muss dann allerdings der „Übeltäter“ gesucht werden. Ich hatte stets gute Erfahrungen mit dieser Vorgehensweise gemacht ... aber es kann natürlich auch mal schieflaufen.

MIKROBIOLOGIE

Sobald Sie in der Verarbeitung Ihres rohen Kakaos weiter fortgeschritten sind, rate ich zusätzlich, die Kakaomasse auf kritische Mikroorganismen prüfen zu lassen. Es empfiehlt sich, diese Laboruntersuchung erst nach dem Rösten, Brechen und Schälen der Kakaobohnen vorzunehmen. Lassen Sie daher die Kakaomasse untersuchen. Nach dem Schälen ist schon sehr viel Schmutz und Verunreinigung weg und die Wahrscheinlichkeit eines negativen Untersuchungsergebnisses somit deutlich reduziert. Auch für die Mikrobiologie kann eine gepoolte Analyse geprüft und erwogen werden. Es bleiben die oben erwähnten Vor- und Nachteile von Mischproben.

Diese Untersuchungen durch Ihr Labor sind natürlich kostspielig und insbesondere für kleine Betriebe eine arge Belastung. Halten Sie sich jedoch die Konsequenzen vor Augen, wenn Sie ein verkaufsfertiges Produkt wegen einer Beanstandung der Lebensmittelkontrolle aus dem Verkehr ziehen müssen. An eine Rückrufmaßnahme wollen wir gar nicht erst denken, für einen Kleinbetrieb könnte eine Rückrufaktion das sofortige Aus bedeuten.

MONITORING

Etablieren Sie ein zuverlässiges Monitoring rund um Ihren rohen Kakao. Durch ein solches Monitoring können Sie frühzeitig Probleme mit Schädlingen aller Art diagnostizieren und Fachleute mit der Bekämpfung von allfälligen Schädlingen beauftragen. Ihr kostbares Kakaolager sollte Ihnen diesen Zusatzaufwand wert sein.

Ihr Monitoring sollte die Überwachung allfälliger Anwesenheiten von Insekten und Nagern abdecken.

BETRIEBSSICHERHEIT

Ihre Freude an der Schokoladenherstellung wird von kurzer Dauer sein, wenn sich Ihr Betrieb wegen einer Maschine oder einem Gerät in Rauch und Flammen auflöst. Ihre Sensibilität für solche Themen ist insbesondere dann gefordert, wenn Sie kostengünstige Maschinen aus Entwicklungsländern oder wenig regulierten Märkten beschaffen. Solche Geräte sollten Sie zwingend von einem Elektrofachmann in der Heimat auf Herz und Nieren prüfen lassen. Erbitten Sie vom Hersteller allenfalls auch entsprechende Zertifikate und Konformitätserklärungen.

HINWEIS! Warnung

Ich wiederhole an dieser Stelle auch die Warnung, keine Art von Maschinen unbetreut bzw. unüberwacht in Betrieb zu halten! Dies gilt insbesondere für zweckentfremdete Geräte und für Haushaltsgeräte.

SICHERHEIT AM ARBEITSPLATZ

Beachten Sie zudem, dass Sie als Arbeitgeber für die Sicherheit Ihrer Angestellten am Arbeitsplatz Verantwortung tragen. Bei vielen Maschinen herrscht akute Einzugsgefahr. Sorgen Sie daher für entsprechende Schulung und Instruktion Ihrer Mitarbeiter, für korrekte bzw. sichere Arbeitskleidung und allenfalls für akkurate Schutzvorrichtungen an den Maschinen.

Achten Sie darauf, dass Sie oder Ihre Mitarbeiter keine Halstücher oder sonstwie lockere Kleidung tragen. Langes Haar ist unbedingt zu bändigen bzw. unter einer Haube zu „sichern“.

HINWEIS! Warnung

Bei allen Maschinen mit sich drehenden Teilen herrscht akute Einzugsgefahr! Je nach Gerät kann dies Lebensgefahr bedeuten!

Irgendwann funkt's ...

Einzugsgefahr! (Quelle: Wikimedia Commons)

PERSÖNLICHE HYGIENE

In der Lebensmittelverarbeitung ist heute ein Mindestmaß an Hygiene Voraussetzung:

- Keine Arbeit in Straßenkleidung und Schuhen
- Keinen Schmuck und keine Uhr tragen
- Persönliche Hygiene, insbesondere regelmäßige Handhygiene
- Kopfbehaarung gehört mit einer Haube gebändigt!
- Verzicht auf Parfüme

HYGIENE AM ARBEITSPLATZ

Gearbeitet wird auf leicht zu reinigenden Arbeitsflächen, mehrheitlich auf Chromstahl. Diese Arbeitsflächen sind natürlich stets sauber zu halten.

Nach staubigen Arbeiten wie dem Brechen und Schälen von Kakao ist darauf zu achten, dass die Räumlichkeiten gründlich gereinigt werden. Damit wird verhindert, dass Kakaostaub in andere Bereiche Ihres Betriebes getragen wird.

HALBFABRIKATE UND DEREN ZWISCHENLAGERUNG

WESHALB HALBFABRIKATE HERSTELLEN?

Die Herstellung von Halbfabrikaten kann einen interessanten Weg darstellen, die betriebliche Effizienz in Ihrem Unternehmen deutlich zu erhöhen. Die folgenden Stufen der Halbfabrikate können wir definieren.

Kakaonibs

Sie können Kakaobohnen **über eine längere Zeit** und **problemlos** lagern. Vorausgesetzt, die Lagerbedingungen stimmen. Gleiches lässt sich für Kakaonibs sagen. Vielleicht wollen Sie Ihren Kakao in einem Durchgang rösten, brechen und schälen. So bringen Sie effizient die schmutzigsten Prozessschritte hinter sich und können sich danach anderen Dingen widmen.

Vielleicht sind Sie auch schlicht knapp mit Lagerkapazitäten. Dann drängt sich das Faktum auf, dass nach dem Brechen und Schälen bereits 20 % Gewicht und min-

Nibs – das einfachste Halbfabrikat

destens ähnlich viel Volumen weg sind. Geschälter und gebrochener Kakao ist daher **platzsparender Kakao**.

TIPP! Effizient arbeiten

Dank Halbfabrikaten lassen sich in ruhigen Zeiten Mitarbeiter nutzbringend einsetzen. Zusätzlich kann die Herstellung von Halbfabrikaten bei der Entflechtung der Prozesse helfen und den Betrieb in verschiedenen Punkten effizienter machen.

Kakaomasse in Blöcken

Wenn Sie in ruhigen Zeiten die Kakaonibs zu Kakaomasse verarbeiten, sind Sie schon einen bedeutenden Schritt näher am Endprodukt. Kakaomasse erhalten Sie, indem Sie Ihre Kakaonibs über eine oder mehrere Stufen mahlen bzw. reiben. Kakaomasse können Sie nach dem Mahlen kompakt und über längere Zeit ohne Qualitätseinbuße lagern. Ich habe Kakaomasse in preiswerten Gastronorm-Behältern aus Chromstahl zu 3-kg-Blöcken gegossen. Diese Blöcke lassen sich zum Schutz vakuumieren oder in Folie einwickeln.

Fertige Schokolade in Blöcken

Analog zu meiner Chargengröße habe ich die fertige Schokolade zu Blöcken von je 18–20 kg gegossen. Auch hierzu habe ich kostengünstige 2/1-Gastronorm-Behälter aus Chromstahl gewählt.

Fertige Tafeln

Im Grunde genommen sind auch fertige, un- oder nur teilweise verpackte Tafeln ein Halbfabrikat. Ich habe stets möglichst viele Tafeln gegossen und diese auch gleich primär verpackt. So waren die Tafeln gut geschützt.

Fertige Tafeln lassen sich übrigens wunderbar tiefkühlen. Durch das **Tiefkühlen** ruht die Restlaufzeit der Mindesthaltbarkeit und Sie können sich aus dem Tiefkühler stets frischer Ware bedienen. Sie verbessern somit Ihre Lieferbereitschaft und können auch kurzfristig äußerst flexibel reagieren.

HINWEIS! Ruhezeit für Ihre Schokolade

Lassen Sie Ihre Schokolade nach der Produktion ruhen. Die Schokolade wird Ihnen mit ausgewogeneren Aromen Ihre Geduld danken. Eine Ruhezeit von zwei bis vier Wochen wird Ihrer Schokolade ein runderes und harmonischeres Wesen sowie ausgeglichene Aromen verleihen. Versuchen Sie den frühzeitigen Verkauf von Schokolade zu verhindern.

Kakaomasse – kompakt lagerfähig (oben) und Blöcke fertiger Schokolade (unten)

REZEPTE – WIE SIE IHRE EIGENE HANDSCHRIFT ENTWICKELN

OPTIMALES VERHÄLTNIS ZWISCHEN KAKAO UND ZUCKER

Das Verhältnis von Zucker zu Kakao bzw. Kakaoanteilen (Kakaomasse, Kakaobutter) haben Sie selbst zu bestimmen. Beziehungsweise Sie dürfen und müssen es selbst bestimmen.

Im Reich der edlen, zartbitteren und dunklen Schokoladen werden Ihre Produkte einen Kakaoanteil von 70–80 % aufweisen. Die große Mehrheit der Bean-to-Bar-Schokoladen weist einen **Kakaoanteil von rund 75 %** auf.

Verwenden Sie für Schokoladen mit **80–100 % Kakaoanteil** nur besonders sorgfältig ausgewählte Kakaosorten. Stellen Sie sicher, dass diese harmonisch und ausgewogen sind, keine allzu dominanten Facetten aufweisen und möglichst wenig Säure mitbringen. Bevorzugt sollte ein solcher Kakao auch nuanciert im Aromenspektrum sein. Einfach ausgedrückt lässt sich feststellen, dass sich nur sehr anspruchsvolle Kakaos für Experimente mit 80–100 % Ka-

Gerösteter Kakao

Nibs – Kakao nach dem Brechen und Schälen

Kakaomasse – zuckerfrei und reiner Kakao

Zucker – wichtigste Zutat zum Kakao

kaoanteil eignen. Solche Kakaos sind meist auch nicht die billigsten und ausgerechnet für Projekte mit hohem Anteil an Kakao schlägt dann auch noch der Kostenfaktor entsprechend zu. Entweder es wird ein teureres Produkt oder die Gewinnspanne des Herstellers fällt kleiner aus – verglichen mit Produkten aus anderen Kakaos.

TIPP! Vorher verkosten

Verkosten Sie Ihre Kakaomasse für Projekte mit mehr als 80 % Kakaoanteil vor der Schokoladenherstellung besonders kritisch. Wenn Ihnen die reine Kakaomasse nicht mundet, sollten Sie sich fragen, ob dieser Kakao geeignet ist für eine Schokolade mit einem Kakaoanteil von 80–90 % – oder noch höher.

Vergessen Sie nicht, dass es auch Ausreißer nach unten geben kann. Also Schokoladen mit weniger als 70 % Kakaoanteil. Nehmen wir einen äußerst rauchigen Java-Kakao als Beispiel. Diesen wollen Sie nicht mit 99 % Kakaoanteil vermarkten. Einem solchen Erzeugnis würde ich nur geringe Erfolgschancen am Markt einräumen. Bei diesem konkreten Beispiel kann es angezeigt sein, den Kakaoanteil auf unter 70 % zu senken. Ich habe meinem Java-Kakao 66 % Kakaoanteile gegeben und die Konsumenten wurden immer noch von einem wuchtigen Erzeugnis überwältigt.

Manchmal sind weniger Kakaoanteile mehr Genuss. Rauchiger Java-Kakao ist ein schönes Beispiel dafür. Reduzieren Sie in solchen Fällen die Kakaoanteile allenfalls auch unter 70 %.

FLIESSEIGENSCHAFTEN UND SCHMELZ MIT KAKAOBUTTER VERÄNDERN

Mit der Beigabe von Kakaobutter steuern wir die **Fließeigenschaften** (Viskosität) der Schokoladen und verändern den **Schmelz** bzw. das Mundgefühl. Nicht selten gibt Ihnen Ihre Gießanlage vor, wie flüssig die Schokolade sein muss, um gut verarbeitet werden zu können. Nicht alle Kakaos verfügen über den gleichen Gehalt an Kakaobutter. Es kann daher angezeigt sein, punktuell mit mehr oder weniger Kakaobutter zu arbeiten.

Durch den Einsatz von Emulgatoren bzw. Lecithin kann die Viskosität der Schokolade ebenfalls beeinflusst werden. Die Beigabe von Sonnenblumen- oder Sojalecithin ist jedoch im Bereich Bean to Bar nicht gängige Praxis.

INFOS! Kakaoanteile und Zusätze

Beachten Sie, dass auch zugefügte Kakaobutter zu den Kakaoanteilen gehört und damit für Ihre Berechnung der Kakao-Gesamtanteile mitberücksichtigt werden muss!

Sehen Sie meine Erläuterungen zum Thema Emulgatoren und Lecithin im Kapitel „Unentbehrliche Rohstoffe“.

TIPP! Kakaobutter früh zugeben

Geben Sie die Kakaobutter so früh wie möglich zur Schokolade. Die Einbindung der Kakaobutter in einem frühen Stadium der Verarbeitung Ihrer Schokolade wird für ein ausgewogeneres Aroma sorgen. Zu spät eingetragene Kakaobutter hinterlässt nicht selten einen buttrigen und fettigen „Stich“, der die vorhandenen Aromen Ihres Kakaos unangenehm kontrastiert.

Kakaobutter – das natürliche Fett im Kakao

VANILLE, MALZ UND ANDERE AROMEN

Die Beigabe von weiteren aromatisierenden Substanzen ist Geschmacksache. Die Verwendung von Vanille zum Beispiel macht Ihre Schokolade rund. In Milchschokolade finden wir nicht selten Malz. Ob wir das in unseren Bean-to-Bar-Schokoladen wirklich wollen, sei dahingestellt.

Ich möchte grundsätzlich von der Besprechung von weiteren Zutaten, wie Nüsse, Kerne, getrocknete Früchte, Salz etc., absehen. Aber es versteht sich von selbst, dass uns unendlich viele Kombinationen offen stehen, die jeder Chocolatier für sich selbst prüfen muss.

PRODUKTIONSAUFTRAG

Auftrags-Nr.	
Artikel	1
Produktname	Brasilien - Amado 80%
Datum	
Auftragsmenge	16.00kg

Kontrolle
100.000

Rösten	Rezept	%	Mengen
10 Min	100°C		
20 Min	125°C		
5 Min	140°C (1/2 --> 140°C)		

Reiben Kugelmühle	Rezept	%	Mengen
Kakaomasse Brasilien	Kakaomasse flüssig bei min. 40°C der Kugelmühle zuführen	75	12.0000kg
			0.0000kg
Kristallzucker Vollraffinade	Zucker der Kugelmühle zuführen	20	3.2000kg

Conchieren im Melangeur	Rezept	%	Mengen
	Nach 12 Stunden in der Kugelmühle,		0.000kg
	Masse während X Stunden conchieren im Melangeur		0.000kg

Plastifizieren	Rezept		Mengen
Kakaobutter	langsam, Schritt für Schritt beigeben	5	0.8000kg

Deklaration		
Kakaoanteile min.	in %	80.0

Maschineneinstellung & Timing

Verarbeitungsdauer in der Kugelmühle	48	Std.
Conchierdauer im Melangeur	10-12	Std.
Conchierdauer nach Plastifizierung	1-2	Std.
Maschineneinstellung Giessanlage	61	Pos.
Anzahl Hubbewegungen	5	x
Gramm pro Hub & Düse	6	g
Gewicht Tafel Total	60	g
Soll-Gewicht Form inkl. CV	510-512	g

Ein Beispiel für einen Produktionsauftrag

TIPP! „Purer" Kakao

Hochwertiger Kakao bringt von Natur eine Vielfalt an Aromen mit sich und ist nicht zwingend auf weitere Zugaben angewiesen. Entlocken Sie Ihrem Kakao sein ganzes und reines Potential! Prüfen Sie dann stets, ob Sie einen Kakao nicht „pur" zelebrieren sollten. Besonders schöne Kakaos können durch den Einsatz von weiteren Zutaten fast nur verlieren.

SO ENTSTEHT IHRE MILCHSCHOKOLADE

Wenn Sie Milchschokolade herstellen wollen, bewegen Sie sich auf ganz anderem Terrain. Durch den Einsatz von Milchpulver kommen verschiedene zusätzliche Faktoren ins Spiel. Beachten Sie folgende Details:

HINWEIS! Kunden für Milchschokolade

Wer sind die Käufer bzw. Verwender von Milchschokolade? Ist die Annahme zutreffend, dass Milchschokolade-Käufer und Verwender häufig die dunklen, zartbitteren Schokoladen nicht mögen? Dann sollten wir uns von der bisherigen Denkweise etwas distanzieren und in Rechnung stellen, dass Milchschokolade andere Bedürfnisse befriedigen sollte als dunkle, zartbittere Schokolade.

Wahl eines geeigneten Kakaos

Nicht jeder Kakao ist geeignet für eine Milchschokolade. Sehen Sie zum Beispiel von säurebetonten, besonders fruchtigen oder rauchigen Kakaos ab.

Ich mag die Forastero-Kakaos aus Westafrika, die sich sehr gut für Milchschokolade eignen. Diese Kakaos präsentieren sich oft besonders „schokoladig" in ihrer Aromenstruktur. Das hört sich zwar eigenartig an, ist aber durchaus zutreffend. Es geht natürlich auch mit einer Kombination. So habe ich Kakao aus Ghana mit Kakao aus Kuba kombiniert und eine sehr reizvolle Milchschokolade bekommen.

Verunreinigungen durch Milchpulver

Wenn Ihre Maschinen in Kontakt mit Milchpulver kommen, vervielfacht sich Ihr Reinigungsaufwand explosionsartig. Ihren Melangeur zu reinigen mag noch ein überschaubarer Auftrag sein. Bevor Sie Milchpulver in Ihrer Kugelmühle einset-

Milchpulver – unerlässlich für Milchschokolade

zen, rate ich, einen kurzen Moment inne zu halten. Denken Sie stets an die Tausenden von Stahlkugeln und deren Reinigung. Bevor Ihre Anlagen nach der Herstellung von Milchschokolade wieder für dunkle Schokoladen verwendet werden können, ist eine umfangreiche Nassreinigung unerlässlich!

HINWEIS! Allergene

Wenn Sie nicht ausschließen können, dass Milchbestandteile Ihre gesamte Produktion verunreinigen könnten, so haben Sie für Ihre Produkte und gegenüber Allergikern eine gesetzliche Deklarationspflicht.

Milchschokolade – Verfahren für die Herstellung

Für Besitzer von Kugelmühlen: Stellen Sie zuerst in der Kugelmühle eine Schokolade aus Zucker und Kakaomasse her. Halten Sie die Konsistenz der Schokolade so, dass Sie die Masse mit vertretbarem Aufwand aus der Maschine entleeren können (Beigabe von Kakaobutter). Beachten Sie dabei, dass es nahezu unmöglich sein kann, Ihre Kugelmühle zu entleeren, wenn die Masse nicht mehr richtig fließt. Durch den großzügigen Einsatz von Zucker in Milchschokolade kann eine solche Situation sehr unerwartet eintreten. Bevor die Zerkleinerung des Zuckers einsetzt, ist die Viskosität eine andere und Ihre Schokolade scheint noch perfekt zu fließen.

Reiben Sie parallel dazu in einer zweiten Kugelmühle, in einem Melangeur oder auf einem Mehrwalzwerk das Milchpulver mit der Kakaobutter. Dieser Prozess wird im Melangeur und in der Kugelmühle mehrere Stunden in Anspruch nehmen.

Wenn Sie mit dem Feinheitsgrad der Milchpulvermasse, den Sie durch Reiben erhalten haben, zufrieden sind, dann führen Sie die Schokoladenmasse und die Milchpulvermasse zusammen. Conchieren Sie die zukünftige Milchschokolade für einige Stunden im Melangeur oder in einer Conche. Das Conchieren ist unerlässlich, um verbleibende Restfeuchtigkeit aus der Milchschokolade zu treiben. Ebenso benötigt das Zusammenführen der beiden Massen und Aromenwelten etwas Zeit bei der Vereinigung.

TIPP! Temperatur beachten

Achten Sie darauf, dass das Milchpulver im Melangeur nicht zu heiß verarbeitet wird. Temperaturen über 55 °C verändern den Reibeprozess negativ.

Für Besitzer von Mehrwalzwerken: Mischen Sie Kakaomasse, Zucker und Milchpulver und reiben Sie diese Masse auf dem Mehrwalzwerk so oft bzw. lang wie nötig, um eine Korngröße von weniger als 15 µm zu erzielen. Reduzieren Sie die Maschineneinstellung Schritt für Schritt, um die Korngröße langsam verkleinern zu können.

Conchieren Sie diese Masse in einer Conche oder in einem Melangeur und ergänzen Sie bei Bedarf bzw. gemäß Ihrer Rezeptur Kakaobutter. Ihr Bedarf an Kakaobutter kann sich an der angestrebten Viskosität oder am Mundgefühl Ihrer künftigen Schokolade orientieren. Erinnern Sie sich daran, dass die Kakaobutter möglichst

frühzeitig in die Schokoladenmasse eingearbeitet werden sollte.

Für Besitzer eines Melangeurs als Hauptmaschine: Wenn Ihr Melangeur das Herzstück Ihrer Schokoladenproduktion darstellt, dann produzieren Sie aus Kakaonibs oder vorgemahlenem Kakao zusammen mit Zucker Ihre Schokoladenmasse. Dieser Prozess wird wiederum viele Stunden in Anspruch nehmen. Entleeren Sie den Melangeur, wenn Sie mit der Feinheit der Schokoladenmasse zufrieden sind. Stellen Sie sicher, dass Ihre Schokoladenmasse nicht auskühlt und erstarrt.

Reiben Sie nun in Ihrem Melangeur in einem separaten Durchgang das Milchpulver mit der Kakaobutter. Dieser Prozess wird im Melangeur ebenfalls mehrere Stunden in Anspruch nehmen. Wenn Sie mit dem Feinheitsgrad der Milchpulvermasse zufrieden sind, dann fügen Sie die zuvor hergestellte Schokoladenmasse bei und conchieren für einige Stunden.

Das Conchieren ist auch hier unerlässlich, um verbleibende Restfeuchtigkeit aus der Milchschokolade zu treiben. Ebenso wollen die beiden Massen und Aromenwelten zusammengeführt bzw. vereint werden.

TIPP! Schokoladenmasse flüssig halten

Halten Sie die Schokoladenmasse an einem warmen Ort flüssig und damit bereit für das Zusammenführen mit der Milchpulvermasse.

WEISSE SCHOKOLADE – VERFAHREN FÜR DIE HERSTELLUNG

Halten Sie sich bei der Herstellung von weißer Schokolade an die Vorgehensweise für die Herstellung von Milchschokolade. Selbstverständlich verzichten Sie auf die Beigabe von Kakaomasse. Ansonsten verhält sich der Prozess nahezu gleich: Mischen Sie daher Zucker, Milchpulver und Kakaobutter und reiben Sie alle Zutaten so lange wie nötig in dem von Ihnen genutzten Gerät.

INFO! Maschinen reinigen

Vor der Herstellung von weißer Schokolade müssen selbstverständlich alle Maschinen sorgfältig gereinigt werden. Nur eine hübsch elfenbeinfarbene Schokolade ist eine schöne weiße Schokolade. Bei der kleinsten Nachlässigkeit bei der Reinigung wird Ihre weiß angedachte Schokolade einen Braunstich aufweisen.

Lesen Sie sich zum Thema Reinigung ins Kapitel „Reinigung von Anlagen und Geräten" ein.

Weiße Schokolade in Entstehung

FORMGEBUNG FÜR SCHOKOLADE

Nach vielen Stunden Arbeit liegt Ihre Schokolade endlich vor Ihnen. Dies ist der Moment, da einige meiner Kunden zum Telefon greifen und verzweifelt ihren Kummer mit der Weiterverarbeitung vortragen. Grund dafür sind Probleme beim Temperieren der Schokolade, Probleme beim Gießen von Tafeln bzw. unbefriedigende Ergebnisse betreffend das Aussehen. Die Schokolade liegt nun vor uns, hier endet das Metier des Chocolatiers. Jetzt ist Confiseur-Wissen gefragt.

In der Schweiz wird der Beruf des Konditor-Confiseurs in einer dreijährigen Berufslehre vermittelt. Nebst vielen anderen Lernzielen wird auch der Umgang mit Schokolade erlernt. Dieses Buch setzt das Wissen um die korrekte Vorbereitung von Schokoladen grundsätzlich voraus. Im Anhang wollen wir dennoch eine kurze Abhandlung des Themas vornehmen.

Wenn sich Ihnen die Geheimnisse des Temperierens bzw. Vorkristallisierens von Schokoladen und Couvertüren noch verschließen, dann besuchen Sie einen geeigneten Schokoladenkurs, lassen Sie sich dieses anspruchsvolle Wissen von einer Fachperson vermitteln oder wälzen Sie einschlägige Literatur. Sicher ist, Sie benötigen dieses Wissen zwingend für die Weiterverarbeitung Ihrer selbst hergestellten Schokolade.

Coole Verpackung – süßer Inhalt

„57 Chocolate“ aus Ghana

SCHOKOLADENFORMEN

Funktionsweise von Schokoladenformen

Schokoladenformen wurden in der fernen Vergangenheit hauptsächlich aus Metall gefertigt. Vereinzelt findet man sogar noch Formen aus Bakelit – dem Vorläufer der Kunststoffe. Die Innenseiten der Metallformen wurden oft verzinnt, so dass eine perfekt glatte Oberfläche gegeben war. Heute werden Schokoladenformen aus Kunststoff gefertigt.

TIPP! Professionelle Formen verwenden

> Setzen Sie von Anfang an auf professionelle Schokoladenformen. Silikonformen lassen wir lieber beiseite.

Wenn korrekt vorbereitete bzw. temperierte Schokolade in Formen gegossen wird und erstarrt, dann zieht sich die Masse um einige Zehntelmillimeter zusammen. Es entsteht daher zwischen der Form und der Masse bzw. dem Gießstück eine Lücke. Gleichzeitig löst sich die erstarrende Masse von der Form. Es versteht sich, dass Schokoladenformen an den Seiten immer mit gegen außen offenen Winkeln gefertigt sind. Ansonsten würde sich das Gießstück nicht ausformen lassen.

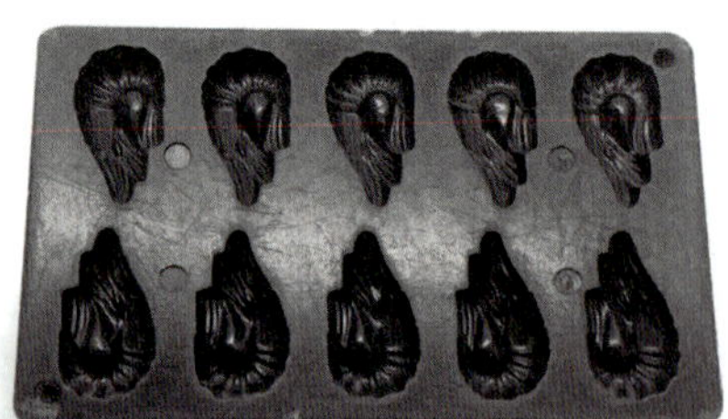

Bakelitform (Quelle: Bakelitmuseum)

Wenn Sie die Schokoladenherstellung als Hobby betreiben, werden Ihnen ein halbes Dutzend Formen ausreichen. Wenn Sie kommerziell arbeiten möchten, dann benötigen Sie einen umfangreichen Formenkreislauf.

Personalisierte Formen

Sie möchten Ihre eigenen Formen? Zum Beispiel mit Firmenzeichen oder -namen? Das ist ein guter Entscheid. Er bringt allerdings einige Konsequenzen mit sich. Viele Formenhersteller erstellen kundenindividuelle Formen erst ab einer Mindestmenge von beispielsweise 200 Formen.

Beachten Sie ebenfalls, dass der Hersteller für Ihre persönliche Form ein Werkzeug herstellen muss. Dieses Werkzeug wird Ihnen der Hersteller in Rechnung stellen. Es wird Sie unter Umständen mehrere hundert Euro kosten.

Die geeignete Form für Ihr Projekt

Bevor Sie Ihren Formensatz in Auftrag geben, stellen Sie einige wichtige und grundsätzliche Überlegungen an:

- Welche Vorgaben macht Ihnen Ihre Gießanlage?
- Sind Sie schon Profi genug für besonders anspruchsvolle Formen bzw. Motive?
- Wie viele Formen benötigen Sie, um eine Charge bewältigen zu können?
- Wollen Sie Formen im Einsatz haben, wenn Sie einen Teil davon reinigen?
- Wie schwer soll die fertige Tafel sein?
- Wie wird die fertige Tafel verpackt?
- Sollen die Tafeln zum Beispiel per Briefpost kostengünstig verschickt werden können?

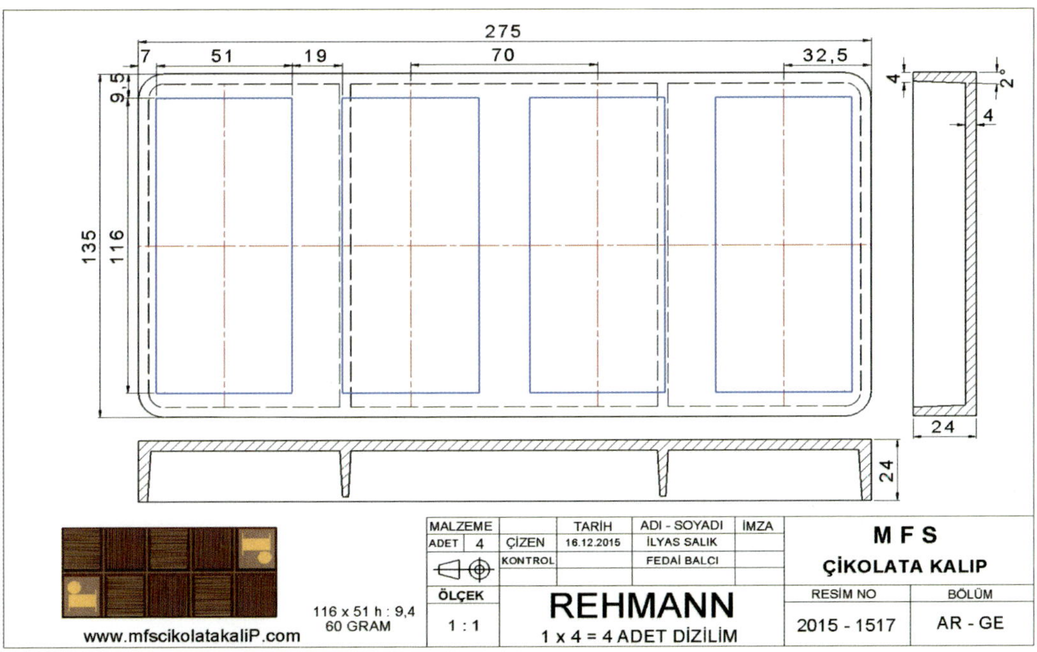

Technische Zeichnung als Basis für einen Formenauftrag

Form mit Branding sowie neutrale Form

Sie erahnen es: Einige Fragen gibt Ihnen die vorhandene Technik vor. Viele Fragen drehen sich um die Stabilität Ihrer Schokoladentafeln. Je ausgefallener die Form, desto heikler die Handhabung – auf allen Ebenen.

HINWEIS! Komplexe Formen = Präzision

Vorsicht mit besonders detailreichen und filigranen Schokoladenformen bzw. Motiven. Diese verlangen nach perfekter Handhabung und verzeihen keine Unzulänglichkeiten.

Konisch geformte Schokolade

REINIGUNG VON SCHOKOLADENFORMEN

Ihre Formen müssen von Zeit zu Zeit gereinigt werden. Wie oft das sein muss, ist auch von der Arbeitsweise in Ihrer Produktion abhängig. Bei ungenügend temperierter Schokolade kann die Reinigung schneller nötig werden. Bei einwandfreier Vorbereitung der Schokolade und sauberer Arbeitsweise können Sie Ihre Formen problemlos für mindestens **ein halbes Dutzend Durchgänge** einsetzen.

Wenn sich eine Reinigung dennoch aufdrängt, ist natürlich eine Waschanlage nützlich und zeitsparend. Beachten Sie, dass bei starken Verunreinigungen eine Vorreinigung sinnvoll sein kann. Ihre Waschanlage wird es Ihnen danken.

TIPP! Kalkflecken vermeiden

Formen wenn möglich nicht mit Leitungswasser spülen. Kalkflecken in den Formen beeinträchtigen das Endprodukt optisch. Hobby-Chocolatiers, die über keine Alternativen zu Leitungswasser verfügen, reiben die nassen Formen mit einem Baumwolltuch trocken und vermeiden auf diese Art und Weise Kalkflecken.

HINWEIS! Warnung

Verzichten Sie bei der Reinigung Ihrer Formen auf scheuernde bzw. kratzende Hilfsmittel. Dies gilt sowohl für Schwämme, Lappen und Bürsten als auch für Reinigungsmittel. Zerkratzte Formen sind wertlos und müssen entsorgt werden.

Formen in der Waschanlage

68%
Wilder Criollo
48h congiert
Beni
Bolivien
xocolatl

GIESSEN VON TAFELSCHOKOLADEN

VORBEREITUNG VON SCHOKOLADE VOR DEM GIESSEN

Ich habe es bereits erwähnt: Bevor Sie Ihre Schokolade eintafeln bzw. in Formen gießen können, müssen Sie die Schokolade entsprechend vorbereiten. Unter Vorbereitung verstehe ich das Temperieren – auch Vorkristallisieren genannt.

Wenn Ihnen diese Begriffe fremd sind, dann scheint es naheliegend, dass Sie die Vorbereitung von Schokoladen noch nicht beherrschen. Rasten Sie in diesem Fall und eignen Sie sich das fehlende Wissen an. Ohne dieses Grundwissen werden Sie garantiert ohne sehenswerten Erfolg bleiben. Im Anhang streifen wir das Thema kurz und bündig.

INFO! Anspruchsvoller als Industrieware

Bean-to-Bar-Schokoladen sind anders. Beachten Sie, dass Bean-to-Bar-Schokoladen in der Weiterverarbeitung deutlich anspruchsvoller sein können verglichen mit Industrieschokolade. Oft „entmischen" sich Bean-to-Bar-Schokoladen sehr schnell, was teils dem Verzicht eines Einsatzes von Emulgatoren geschuldet ist. Dies bedeutet, dass Kakaobutter und Kakaomasse sich in kurzer Zeit trennen. Stetes, sachtes Rühren sorgt bei Problemen für Abhilfe.

Gießen der Tafeln in Formen

Ideale Umgebungstemperaturen

Stellen Sie sicher, dass Sie geeignete Temperaturverhältnisse in Ihrer Umgebung haben. Bei 30 °C Raumtemperatur wird es sehr schwierig, ein gutes Ergebnis zu erhalten.

Auch wollen Sie keine Produktionsumgebung mit 0 °C. Perfekt sind **18–20 °C Umgebungstemperatur** und zusätzliche Kühlmöglichkeiten.

TIPP! Luftblasen vermeiden

Vermeiden Sie Luftblasen auf und in Ihren Tafeln. Durch den Einsatz eines Vibrier- bzw. Rütteltisches eliminieren Sie die störenden Blasen.

Notwendige Kühlmöglichkeiten

Sie benötigen Kühlmöglichkeiten für Ihre gefüllten Schokoladenformen. Die Schokolade muss zügig abkühlen und fest werden können. Zieht sich der Prozess des Abkühlens in die Länge, wird das Resultat unbefriedigend sein. Ideal ist ein **Kühltunnel**, welcher abgestuft **mehrere Temperaturzonen** abdeckt. Auch ein großzügig dimensionierter Kühlschrank macht den Job befriedigend.

INFO! Taupunkt beachten

Achten Sie bei der Kühlung Ihrer Tafeln stets auch auf den Taupunkt! Wenn der Temperaturunterschied zwischen Ihren Tafeln und der Umgebung zu groß ist, so riskieren Sie die Kondensation von Luftfeuchtigkeit an der Oberfläche Ihrer Tafeln. Die feinen Wassertröpfchen des Kondensats lösen den Zucker aus Ihrer Schokolade. Es entsteht sogenannter Zuckerreif.

TIPP! Formen kühlen

Wenn Ihre Umgebungstemperatur über 20 °C liegt, dann kann es angezeigt sein, die Formen vor dem Gießen leicht zu kühlen. Beachten Sie auch dann den Taupunkt! Formen können natürlich ebenfalls Kondensat ansetzen.

Maschinen und Gerätschaften

Sie können selbstverständlich jede Form von Hand gießen. Von großer Effizienz wird dieses Vorhaben jedoch nicht geprägt sein. Die folgenden Gerätschaften sind eine Überlegung wert.

Gießmaschine: Überlegen Sie sich die Investition in eine Gießmaschine. Schon mit

Gießmaschine von DEDY ...

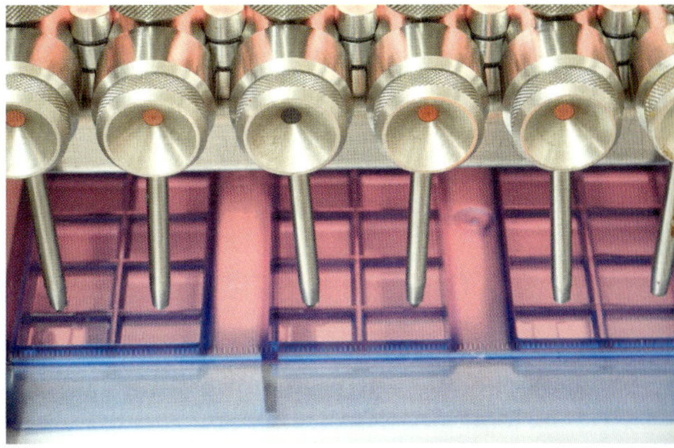

... im Einsatz

der kleinen Handgießmaschine von DEDY haben wir täglich 600 Tafeln gegossen.

Vibriertisch: Im Kampf gegen lästige Lufteinschlüsse, die während des Gießvorgangs entstehen, empfiehlt sich ein Vibrationstisch. Durch Vibration steigen Lufteinschlüsse nach oben und platzen auf, bevor die Schokolade erstarrt.

Thermometer: Zur Temperaturkontrolle an allen Fronten empfiehlt sich ein präzises Thermometer. Ein mobiles Gerät – zusätzlich zum Thermometer eingebaut an Maschinen – leistet gute Dienste.

Rütteltisch von ALLURE

Arbeitsweise

Eine zügige Arbeitsweise begünstigt grundsätzlich die Aussicht auf ein sehenswertes Resultat.

Achten Sie daher stets darauf, dass Sie das Gießen Ihrer Schokoladen in Formen in allen Details lückenlos und sorgfältig vorbereiten.

AUSFORMEN IHRER TAFELN

Ist Ihre Schokolade in Formen gegossen und sind diese ausgekühlt bzw. erstarrt, so können Sie das Ausformen in Betracht ziehen. Gewähren Sie Ihren Schokoladentafeln genügend Zeit, damit sich diese vollständig von den Formen lösen können. Ungeduld beim Ausformen kann Ihre vorausgegangene Arbeit vernichten!

Ich empfehle den Einsatz von Latexhandschuhen beim Ausformen. So verhindern Sie Fingerabdrücke bei direktem Kontakt mit der Schokolade.

TIPP! Vorsichtig behandeln

Überlegen Sie sich gut die nächsten Schritte der Verarbeitung Ihrer Tafelschokoladen. Sie wollen diese möglichst wenig bewegen bzw. in die Hände nehmen. Jede zusätzliche und eventuell unnötige Bewegung Ihrer Tafeln birgt das Risiko, dass diese optisch leiden.

Eine perfekt gegossene Schokoladentafel wird sich bei entsprechender Geduld völlig ohne Ihr Zutun von der Form lösen und kann dann mit wenig Aufwand der Form entnommen werden.

REINIGUNG VON MASCHINEN UND GERÄTEN

Was eigentlich logisch ist, wollen wir in einem kurzen Kapitel besprechen: die Reinigung von Maschinen und Gerätschaften.

Alle jene, die es noch nicht wissen oder noch keine einschlägigen Erfahrungen damit gemacht haben, sollen an dieser Stelle gewarnt sein: **Wasser und Schokolade passen nicht zusammen**. Schon kleinste Mengen an Wasser können eine gesamte Schokoladencharge zerstören!

HINWEIS! Warnung

Nur wenn das Zusammenführen von wässerigen Lösungen und Schokolade planmäßig bzw. gewünscht geschieht, wird ein befriedigendes Ergebnis entstehen. Wasser und Schokolade sind sich ansonsten spinnefeind! Dies gilt auch für Reinigungsarbeiten.

Wasser und Schokolade vertragen sich nicht.

DER KLEINE REINIGUNGSUNTERHALT

Für die tägliche Reinigung sollten Sie sich immer wieder die oben erwähnte Tatsache in Erinnerung rufen. Wasser und Schokolade gehen nicht zusammen! Egal was Sie tun, immer daran denken! Patzer und Nachlässigkeiten werden bitter bestraft! Vorsicht auch mit aromatisierten Reinigungsmitteln. Unerwünschte Aromeneinträge durch Reinigungsmittel geschehen sehr schnell.

Ein feuchter Lappen reicht bei leichten Verunreinigungen. Auf Spülmittel kann in der Regel verzichtet werden. Bei größeren Verunreinigungen besser auf Wegwerfpapier zurückgreifen.

Wie reinigt man Maschinen für die Schokoladenherstellung?

Fakt ist, Maschinen für die Schokoladenherstellung werden in der Praxis nur wenig gereinigt. Wenn es dennoch nötig wird, eine Maschine zu reinigen, ist selbstverständlich die vollständige Entleerung der Maschine zwingend notwendig.

Danach kann eine Nassreinigung angezeigt sein. In einem solchen Fall wird die Maschine unter Einsatz von Wasser und einem fettlösenden Mittel gründlich und mit großem Zeiteinsatz gereinigt. Wichtig ist, dass nach der Reinigung mit Reinigungsmitteln gründlich mit Wasser gespült wird. Es wäre schade, wenn Ihre nächste Schokolade nach Reinigungsmittel schmeckt.

Bei Maschinen und Anlagen mit Leitungssystemen und Pumpen ist von Nassreinigungen eher abzuraten. Die Kombination Wasser und Schokolade würde zu einem Verstopfen der Leitungen und Pumpen führen. Dadurch müsste die gesamte Anlage zerlegt werden. Bei solchen Maschinen kann es angezeigt sein, die Maschine zu entleeren und eben bestmöglich zu reinigen. Danach kann mit Kakaobutter ein oder mehrere Reinigungsläufe durchgeführt werden. Die eingesetzte Kakaobutter muss danach entsorgt werden.

Reinigung vor dem Erstgebrauch

Vor dem Erstgebrauch muss jede neue Maschine gründlich gereinigt werden. Verzichten können Sie auf diese Maßnahme auch dann nicht, wenn Ihnen der Hersteller sofortige Einsatzbereitschaft garantiert.

Neue Maschinen vor dem Erstgebrauch reinigen

Gehen Sie für die Reinigung vor Erstgebrauch wie oben beschrieben vor.

HINWEIS! Vorsicht

Achten Sie bei der Reinigung vor Erstgebrauch auf Auffälligkeiten, zum Beispiel Metallsplitter oder Metallabrieb im Reinigungsmedium.

Wie reinigt man Geräte für die Schokoladenherstellung?

Der einfachste Weg, Gerätschaften zu reinigen, ist natürlich der Spüler. Ich empfehle Ihnen, alle „schokoladigen" Geräte und Hilfsmittel vorzuspülen. Ihr Spüler wird es Ihnen mit verlängerter Lebensdauer danken.

TROCKNEN EINER MASCHINE

Ihre gereinigten Maschinen und Geräte lassen Sie am besten an der Luft trocknen. Warten Sie wenn möglich zwei Tage, bis Sie die Maschine wieder in Betrieb nehmen. Dann ist auch bestimmt alles trocken.

Drehen Sie gelegentlich an allen beweglichen Teilen, damit sich keine Wassernester irgendwo verstecken können. Wenn es eilt, kann zugeführte Warmluft helfen den Prozess des Trocknens zu beschleunigen.

EINKAUF VON ROHKAKAO

VORGEHENSWEISE BEIM EINKAUF

Treffen Sie eine **Vorselektion** an Kakaos, für welche Sie sich grundsätzlich interessieren. Analysieren Sie zuvor Ihren Markt und lernen Sie, welche Schwerpunkte Ihre direkten Mitbewerber bei der Sortimentsgestaltung setzen.

Kaufen Sie nie die Katze im Sack! Wenn Sie nicht in Mini-Mengen einkaufen, wird Sie jeder Kakaohändler vorab gerne mit repräsentativen Mustern Ihrer Wunschkakaos bedienen. Profitieren Sie von dieser Dienstleistung Ihres Händlers. Eine **Bemusterung** von Ihrem Händler zu verlangen ist Normalität und keine Dreistigkeit.

Ihr Händler wird Ihnen nicht irgendwelche Muster zukommen lassen. Ihr Händler wird die Kakaosäcke, aus welchen Ihr Muster zusammengestellt wurde, für Sie reservieren. Bedenken Sie, dass dies Arbeit und Kosten für den Händler bedeutet.

Bitten Sie den Händler um Information in Prozent zu den unten stehenden Kriterien. Vergleichen Sie die Angaben mit den erhaltenen Mustern und später mit der Hauptlieferung. Mit dem 100-Bohnen-Gewicht können Sie übrigens schon im Voraus einen Eindruck bekommen, wie groß die Bohnen sind.

TIPPS! Für gute Zusammenarbeit

Handeln Sie partnerschaftlich gegenüber dem Händler, wenn Sie Muster erbitten. Strapazieren Sie Ihre Geschäftsbeziehung nicht unnötig. Bitten Sie nur um Muster für Kakaos, die Sie auch zu kaufen beabsichtigen.

Denken Sie stets an die Kosten, die dem Händler durch jede einzelne Lagerbewegung in den meist externen Lagern entstehen. Auch eine Bemusterung ist mit Kosten für den Händler verbunden.

QUALITÄTSKRITERIEN BEIM EINKAUF

Qualitätskriterien	Merkmal
Restfeuchtigkeit im Kakao	=/< 7 %, sehr schwer zu erkennen
Schiefrige Bohnen (engl. „slaty“)	schiefrige Farbe
Flache Bohnen (engl. „flat“)	nicht ausgebildete, flache Bohnen
Schimmelige Bohnen (engl. „mouldy“)	Befall mit Schimmel
Gekeimte Bohnen (engl. „germinated“)	Keimlinge ragen durch die Schale
Schädlingsbefall (engl. „infested“)	lebendes Ungeziefer
Andere Aspekte wie: Fremdkörper, Fremdgerüche	Steine, Plastik, Schnüre etc.
100-Bohnen-Gewicht	Wie schwer sind 100 Stk. Bohnen?

Repräsentative Muster in Kleinstmengen

Ein Blick ins Innere der Bohnen verrät manches ...

WIE ALT IST KAKAO BEI DER ANLIEFERUNG?

Erschrecken Sie nicht ob des Alters gewisser Kakaos. Wenn Sie sich nicht danach erkundigen, kann es durchaus sein, dass Sie mehrere Jahre alte Kakaos geliefert erhalten.

Wann ist alt zu alt? Das ist eine berechtigte Frage, für die es keine eindeutige Antwort gibt. Keineswegs ungewöhnlich sind Kakaos aus Ernten, die schon drei bis vier Jahre zurückliegen. Ich habe auch schon acht Jahre alten qualitativ einwandfreien Kakao in einem Lager gesehen. Bei korrekter Lagerbedingung ist Kakao tatsächlich viele Jahre haltbar.

TIPP! Vorher nachfragen

Erkundigen Sie sich nach dem Alter der Kakaos, für welche Sie eine Bestellung aufzugeben beabsichtigen. Sicher ist sicher.

DIE DREI GRUNDTYPEN DES KAKAOS

Kakao (*Theobroma cacao*) wird botanisch überwiegend in die drei Grundtypen Criollo, Forastero und Trinitario unterteilt. Criollo gilt nominal als der edelste. Ich will diesem Thema nicht zu viel Aufmerksamkeit schenken. Ich bin der Ansicht, dass fast jeder qualitativ hochstehend kultivierte Kakao seinen ganz eigenen Charme entwickeln kann. Ich selbst habe mich nie der Jagd nach teuren Spitzenkakaos hingegeben. Entdecken Sie selbst, was in einem vermeintlich wenig edlen Forastero stecken kann.

Kakao-Typen: Trinitario (links), Criollo (oben links) und Forastero (oben rechts)

PREISFINDUNG FÜR KAKAO

Kakao wird am Weltmarkt gehandelt. Es kann sich daher durchaus lohnen, die Weltmarktpreise im Auge zu behalten.

Bedenken Sie bei allen Ihren Entscheidungen, dass Kakao ein landwirtschaftliches Produkt ist und von schwankenden Klimabedingungen stark beeinflusst wird. Entwickeln Sie daher ein Verständnis, weshalb Kakao aus einem bestimmten Gebiet plötzlich massiv teurer werden kann. Zum Beispiel wenn ein Tropensturm eine gesamte Jahresernte verwüstet hat. Vielleicht sehen Sie nach solchen Ereignissen von einem bestimmten Kakao lieber ab und warten, bis sich die Lage normalisiert hat.

Beobachten Sie daher stets, was sich so tut in den Anbaugebieten und am Weltmarkt. Sie haben zudem die Möglichkeit, über Mengenabschlüsse zu vorteilhafteren Konditionen zu kommen.

In jedem Fall preisrelevant ist die Bezugsmenge pro Bestellung. Jeder Händler führt sein eigenes Preismodell. Prüfen Sie daher genau, wie sich Ihr Einkauf optimieren lässt. Manchmal lässt sich durch zwei oder drei zusätzliche Kakaosäcke eine günstigere Preisstufe erreichen.

SICHERER TRANSPORT VON ROHKAKAO

Der Einkauf ist das eine, ein sicherer Transport zu Ihnen ist eine andere Geschichte. Sparen Sie nicht auf der letzten Meile! Ein sachgerechter Transport sollte Ihnen Ihr Kakao wert sein.

HINWEIS! Transportbedingungen

Verlassen Sie sich nicht auf den günstigsten Anbieter für Ihren Transport. Stellen Sie klare Bedingungen, wie Sie Ihre Kakaos transportiert haben wollen.

Stellen Sie sicher, dass Ihr Kakao in einem lebensmittelfreundlichen Milieu transportiert wird. Sie wollen keine Verunreinigungen durch Chemikalien im selben Fahrzeug riskieren. Auch zusammen mit Maschinen sollten Sie Ihre Kakaos nicht transportieren lassen. Ihre Kakaos nehmen leicht und schnell Fremdgerüche an. Berücksichtigen Sie auch Feuchtigkeit und Temperaturen. Vor allem im Sommer kann Feuchtigkeit ein großes Thema sein.

Achten Sie darauf, dass Ihr Kakao „direkt" zu Ihnen kommt. Stellen Sie deshalb sicher, dass Ihr Kakao nicht über ein Umschlagsterminal abgewickelt wird. In einem Zwischenlager haben Sie die Kontrolle über Ihre Kakaos aus den Händen gegeben.

Wenn Sie unsicher sind, dann verlassen Sie sich auf Ihren Händler. Dieser verfügt über das nötige Wissen und über Beziehungen für einen korrekten Transport. Nicht selten wird der Händler auch finanziell das beste Transportangebot unterbreiten können.

Frisch gelieferter Kakao

LAGERUNG VON ROHKAKAO

Seriöse Händler werden Ihre bestellten Kakaos vor der Auslieferung während mindestens 24 Stunden in einem Tiefkühllager einfrieren bzw. thermisch behandeln. Lassen Sie sich durch diese Maßnahme nicht verunsichern. Wird dieses Verfahren korrekt gehandhabt, stellt es keinerlei Risiko für Ihre Kakaos dar. Dieses Verfahren stellt sicher, dass Sie garantiert keine lebenden Schädlinge zu Ihnen ins Lager geliefert erhalten. Sie dürfen davon ausgehen, dass Ihre Ware im Moment der Lieferung „sauber" ist.

Das bedeutet allerdings nicht, dass Sie von einer sorgfältigen Lagerung bei Ihnen im Betrieb dispensiert sind. Ihre Kakaos bleiben ein Festessen für Schädlinge aller Art.

TIPP! Monitoring

Treffen Sie ernsthafte Vorkehrungen zur Sicherung Ihres kostbaren Lagers! Stellen Sie sicher, dass Sie bei einem Schädlingsbefall dank einem professionellen Monitoring frühzeitig Bescheid wissen. Lesen Sie dazu auch im Kapitel „Einige Gedanken zur Sicherheit für Profis".

Altbewährtes Instrument

Achten Sie auf folgende **Lagerbedingungen** in Ihren Lagerräumen:

- Temperatur max. 18–20 °C
- Trocken, keine feuchte Umgebung
- Dunkel
- Ordentlich belüftet
- Ohne Schlupflöcher für Schädlinge!

TIPP! Regelmäßige Analysen

Vergessen Sie als Inverkehrbringer eines unsicheren Lebensmittels nicht, Ihre Kakaos einer Laboranalyse zu unterziehen. Sehen Sie dazu auch die Bemerkungen im Kapitel „Einige Gedanken zur Sicherheit für Profis".

Spitzenqualität in Bio & Fairtrade

KAKAO IN BIO- UND FAIRTRADE-QUALITÄT

Kakaoanbau bedeutet härteste Arbeit für die Bauern. Indem Sie Bio- und/oder Fairtrade-Qualität einkaufen, können Sie sicherstellen, dass die Bauern etwas mehr Geld für ihre Arbeit erhalten. Auch die Arbeitsbedingungen im Bereich Bio sind natürlich besser. Es entfallen bei Bio-Qualität zum Beispiel für die Gesundheit problematische Pflanzenschutzmittel.

TIPP! Einkauf

Als Kleinbezieher von Kakao können Sie in der Regel nicht direkt beim Bauern einkaufen. Damit entfällt auch die Möglichkeit, die Bauern „besser" zu entlohnen. Mit dem Einkauf von Bio- oder Fairtrade-Qualität können Sie in diesem Punkt ein klein wenig „korrigieren".

INFO! Zertifikat

Als Käufer von Bio- und/oder Faitrade-Kakao müssen Sie Ihren Betrieb zuerst noch zertifizieren lassen, bevor Sie Ihre Schokoladen entsprechend ausloben dürfen. Die Zertifizierungsstellen sind von Land zu Land unterschiedlich. Neben EU-Bio existieren mehrere länderspezifische Labels. Der Einkauf von Bio- und/oder Fairtrade-Kakao legitimiert für sich alleine noch nicht für eine entsprechende Vermarktung.

DIRECT TRADE COCOA

Unter Direkthandel wird die Umgehung des Zwischenhandels verstanden. Im Kaffeemarkt hat sich unter Kleinröstereien bereits eine lebhafte Direkthandelsszene etabliert. Will heißen: Der Einkauf erfolgt in Kooperation mehrerer Abnehmer direkt beim Hersteller. Der Vorteil daran ist, dass die Hersteller bessere Verkaufskonditionen lösen können, da der Zwischenhandel ausgeschaltet ist.

Direct Trade birgt aber natürlich auch Risiken. Beim direkten Einkauf bei Kooperativen oder Farmern ist bei Problemen kein die eigene Sprache sprechender Händler zur Stelle.

Zusätzlich gilt zu beachten: Der direkte Handel von Kakao ist heikler, als dies zum Beispiel beim Kaffee der Fall ist. Dies liegt in der Beschaffenheit der Kakaobohne begründet. Zurzeit ist die Bean-to-Bar-Szene auch noch etwas zu stark fragmentiert, um gepoolte Einkäufe organisieren zu können.

TIPP! Im Hinterkopf behalten

Behalten Sie die Möglichkeit einer Kooperation mit anderen Bean-to-Bar-Herstellern im Auge. Direct Trade bietet große Chancen für die Vermarktung Ihrer Produkte.

NACHHALTIGKEIT

Inflationär verwendet, ist das Wort Nachhaltigkeit zurzeit in aller Munde. Machen wir uns nichts vor: Als Kleinanbieter sind unsere Möglichkeiten der Einflussnahme beschränkt. Dennoch können und müssen wir unsere Lieferanten und Händler mit dem Thema konfrontieren.

Wenn wir in Bio- und/oder Fairtrade-Qualität einkaufen, dann können wir gegenüber Konsumenten immerhin den guten Willen ausweisen. Im Wissen, dass auch dann noch nicht alle Probleme im Kakaoanbau gelöst sind.

TIPP! Ehrlich kommunizieren

Wenn Sie als Kleinanbieter Bean-to-Bar-Schokoladen am Markt feilbieten, rate ich Ihnen, gegenüber Konsumenten ehrlich und aufrichtig zu kommunizieren. Stehen Sie dazu, dass Ihre Möglichkeiten der Einflussnahme sehr beschränkt sind. Erklären Sie Ihren Kunden aber auch, dass ein Konsumboykott in erster Linie die Anbauer bzw. Farmer treffen würde. Kakao ist eine sogenannte „Cash Crop“. Kakao wird von den Farmern nicht verwendet oder verzehrt. Kakao bringt daher Bargeld in die Familien – das ist äußerst wichtig!

TIPP! Zum Thema Kinderarbeit

Bereiten Sie sich besonders gut auf Fragen zum Thema Kinderarbeit vor. Signalisieren Sie deutlich, dass Sie die Ausbeutung von Kindern verurteilen. Halten Sie aber auch fest, dass das Mitwirken von Kindern auf den Farmen der Familien nicht zwingend verwerflich sein muss. Es ist notwendig und richtig, dass das Wissen im Kakaoanbau an die nächste Generation weitergegeben und somit erhalten wird. Wichtig ist, dass Kindern der Besuch der Schule durch die Mitarbeit nicht verunmöglicht wird. Richtig ist auch, dass die Arbeiten altersgerecht sein müssen. Und zu guter Letzt: Kleinkinder gehören definitiv nicht arbeitend auf eine Plantage!

Dieser Tipp spiegelt meine Ansicht als Autor dieses Buches. Ich bin mir durchaus bewusst, dass es zu diesem heiklen Thema sehr unterschiedliche Meinungen gibt.

QUALITÄT UND HALTBARKEIT

TOP-QUALITÄT NUR MIT TOP-ROHSTOFFEN

Aus einem minderwertigen Rohstoff bzw. einem qualitativ minderwertigen Kakao kann kein Spitzenprodukt entstehen. Halten wir daher fest, dass als Basis für ein tolles Produkt nur die besten Kakaos taugen. Mit „die besten Kakaos" meine ich jedoch nicht „die teuersten". Gemeint ist eine hervorragende Qualität, für die Sie auch einen angemessen hohen Preis zu entrichten bereit sind.

Wenn Sie in einer Vollkostenkalkulation jeden einzelnen, aufwändigen Prozessschritt der Schokoladenherstellung durchkalkulieren, dann werden Sie über kurz oder lang zur Erkenntnis kommen, dass es sich nicht lohnt, beim Rohstoff Kakao zu sparen.

Das Teuerste an unseren in Europa selbst hergestellten Schokoladen ist die Manpower und nicht der Rohstoff Kakao! Verwenden wir daher nur qualitativ hochwertigen Kakao, in den es sich lohnt, kostbare Zeit zu investieren.

Lesen Sie zum Thema Qualität von Kakao auch im Kapitel „Einkauf von Rohkakao" nach.

Kakaonibs

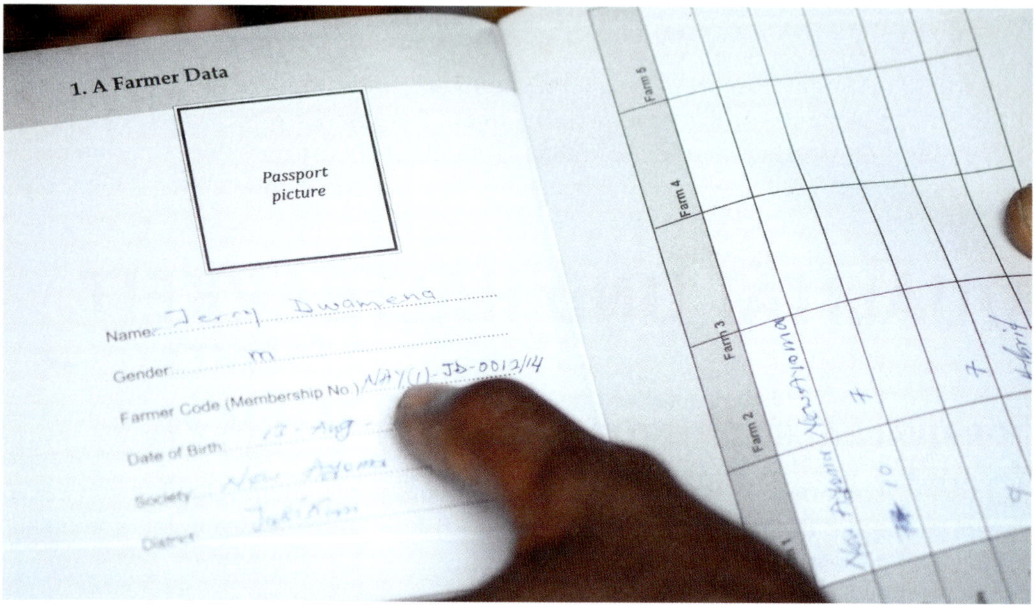

Qualitätsmanagement in Ghana

VEGANE ERNÄHRUNG IM AUFWIND

Man mag von veganer Ernährung halten, was man will. Das Thema ist zurzeit in aller Munde. Viele Konsumenten sind sensibilisiert im Konsum von Nahrungsmitteln tierischen Ursprungs. Dazu gehören unsere Kakaos zwar nicht. Bei Milchschokolade sieht es dann allerdings wieder anders aus.

Es kann sich schon alleine aus Marketingüberlegungen lohnen, die vegane Bewegung zu respektieren. Wenn Sie sich bei dunkler Schokolade auf Kakao, Kakaobutter und Zucker als Zutaten beschränken, haben Sie bereits eine vegane Ausgangslage geschaffen – und ein weiteres Kundensegment für sich gewonnen. Jetzt müssen Sie Ihre Produkte nur noch entsprechend auszeichnen und darüber sprechen.

Vegan – mehr als nur ein Boom

KOSCHER-SCHOKOLADE

Ein weiteres Spezialsegment kann mit Koscher-Schokolade erreicht werden. In Gegenden mit großer jüdischer Gemeinschaft kann Koscher-Schokolade durchaus ein prüfenswertes Projekt sein. Mit einem Koscher-Label wird garantiert, dass die Schokolade unter Aufsicht eines Rabbiners hergestellt wird. Dabei wird im Fall von Schokolade vor allem ein Augenmerk auf allenfalls eingesetztes Milchpulver sowie generell auf die Herstellungsbedingungen gelegt.

HALTBARKEIT

Kakao – roh oder bearbeitet – ist ein äußerst hochwertiger und lange haltbarer Rohstoff. Dennoch müssen wir uns die Frage stellen: Wollen wir Schokolade mit zwei Jahren Haltbarkeit?

Welche Haltbarkeit Sie auf Ihren Bean-to-Bar-Schokoladen ausloben, ist auch eine Marketing-Entscheidung. Bei einwandfreien Herstellungsbedingungen ist für **dunkle Schokoladen** eine Haltbarkeit von **zwölf Monaten**, oder länger, problemlos vertretbar. Für Milchschokoladen empfehle ich Zurückhaltung sowie eine Beschränkung auf zwölf Monate. Für meine Swiss Bean-to-Bar-Schokoladen habe ich eine Haltbarkeit von neun Monaten gewählt. Ausreichend für Händler und ein starkes Marketing-Signal: Hier steht keine Industrieware zum Verkauf!

Die oben genannten Zeiträume der Haltbarkeit gelten selbstverständlich nur für einwandfrei frische Rohstoffe. Achillesferse ist dabei verwendetes Milchpulver jeder Art. Die Bedeutung von Frische in Bezug auf rohen Kakao erhalten Sie im Kapitel „Einkauf von Rohkakao“ erklärt.

TIPP! Position gegenüber Händlern

Mit einer verkürzten Haltbarkeit stellen Sie Ihren Absatz- bzw. Distributionspartnern indirekt die Gretchenfrage: „Kann dieses Produkt in ausreichender Menge und nützlicher Frist verkauft werden? Ja oder Nein?“

Made in Ghana – 57 Chocolate

BEZUGSQUELLEN

Bezugsquellen für Kakao in Kleinbezügen

Homborg Fine Food
www.theobroma-cacao.de

Bezugsquellen für Kakao in Säcken und größeren Mengen

Fa. Walter Matter SA
www.wama.ch

Fa. Daarnwouwer & Co. B.V.
www.daarnhouwer.nl

Fa. Cocoanet BV
www.cocoanect.com

Bezugsquellen für Maschinen und Geräte

Fa. Allure LLC
www.allure.engineering

Fa. Dedy GmbH
www.dedy.de

Fa. Selmi S.r.l.
www.selmi-chocolate.it

Fa. LCM Schokoladenmaschinen GmbH
www.lcm.de

Bezugsquellen für Schokoladenformen

Fa. Hans Brunner GmbH
www.hansbrunner.de

Fa. Chocolate World
www.chocolateworld.be

Fa. MFS Chocolate Moulds
www.mfscikolatakalip.com

LEBENSMITTELRECHTLICHE HINWEISE

GRUNDSÄTZLICHE BESTIMMUNGEN ZUM LEBENSMITTEL SCHOKOLADE

Schokolade ist in der Schweiz ein stark reguliertes Nahrungsmittel innerhalb der Lebensmittelverordnung. Wir wollen hier an dieser Stelle die Lebensmittelverordnung nicht im Detail ausbreiten. Schon alleine deshalb nicht, weil in Deutschland, der Schweiz und in Österreich teils voneinander abweichende Bestimmungen gelten.

Nichtsdestoweniger wollen wir Sie für die allerwichtigsten Pflichten rund um die Kennzeichnung Ihrer Produkte sensibilisieren.

ANGABEN ZUM INVERKEHRBRINGER

Führen Sie Ihre Anschrift auf der Verpackung auf. Prüfen Sie mit den entsprechenden Ämtern, was die Minimalanforderungen sind. Ihr Unternehmen im Aufbau wechselt im Zuge des Wachstums vielleicht den Firmensitz. Es wäre schade, wenn Sie wegen einer Adresse all Ihr Verpackungsmaterial neu drucken müssten.

KORREKTE SACHBEZEICHNUNG

Auf jede Packung gehört eine Sachbezeichnung. Diese Bezeichnung darf keine Fantasiebezeichnung sein. Eine Sachbezeichnung für eine Schokoladentafel könnte beispielsweise lauten: „Dunkle Schokolade."

MINDESTHALTBARKEITSDATUM UND LOTCODE

Eine Angabe zur Haltbarkeit ist Pflicht. Sie müssen festhalten, bis wann Ihr Produkt verzehrt werden kann.

Wenn Sie von ein und demselben Produkt täglich mehr als eine Charge produzieren, dann müssen Sie zusätzlich einen Lotcode bzw. eine Losnummer für die Rückverfolgbarkeit festhalten. Zum Beispiel: „L12345."

ZUTATENLISTEN UND ALLERGENHINWEISE

In mengenmäßig absteigender Reihenfolge sind in einer Zutatenliste die Zutaten aufzulisten. Überlegen Sie sich als Bean-to-Bar-Hersteller, wie Sie den verarbeiteten Kakao deklarieren dürfen/müssen. In der Schweiz ist der hübsche Begriff „Kakaokerne" zulässig. Der Begriff „Kakaobohnen" wiederum wäre nicht zulässig, da in Schokolade keine ganzen Kakaobohnen enthalten sind ...

Weisen Sie zusätzlich die Kakaoanteile in Ihrem Produkt aus. Zum Beispiel: „Kakaoanteile min. 77 %." Beachten Sie, dass für besondere Zutaten ebenfalls die Anteile in Prozent erwähnt sein müssen. Dies wäre dann der Fall, wenn Sie in der Sachbezeichnung schreiben: „Dunkle Schokolade mit Haselnüssen." In diesem Fall soll der Konsument wissen, wie viele Haselnüsse enthalten sind.

Allergene sind in der Zutatenliste hervorzuheben (zum Beispiel durch Fettdruck). Wenn Sie in Ihrer Rezeptur Allergene nicht direkt einsetzen, eine Verunreinigung mit Allergenen jedoch nicht ausschließen (Kreuzkontamination) können – oder wollen –, so müssen Sie auf mögliche Spuren hinweisen: „Kann Spuren von X und Y enthalten."

NÄHRWERTINFORMATION

In der Schweiz sind Nährwertinformationen auf der Packung noch nicht Pflicht. Es ist jedoch zu befürchten, dass dieser Status quo nicht für die Ewigkeit bestimmt ist. Eher früher als später wird man dem Kleingewerbe das Leben noch schwerer machen wollen.

In der EU sind Nährwertinformationen auf nahezu allen Handelsprodukten seit einiger Zeit bereits Pflicht. Ausgenommen sind davon handwerklich hergestellte Lebensmittel, die in kleinen Mengen direkt an den Endverbraucher oder an regionale Einzelhandelsgeschäfte abgegeben werden.

MENGENANGABE

Auf Ihrer Verpackung müssen Sie eine verbindliche Mengenangabe machen. In der Regel in Gramm. Bei Pralinen kann es sinnvoll sein, für den Konsumenten ergänzend noch die Stückzahl zu erwähnen.

Lassen Sie sich im Zweifelsfall von Spezialisten im Lebensmittelrecht beraten. Vor einem teuren Druck von Verpackungsmaterial lohnt sich eine Kontrolle durch einen Experten allemal.

FREIWILLIGE HINWEISE

Lagerhinweise: Empfehlen Sie eine Lagertemperatur von 12–18 °C.
Korrekte Entsorgung der Verpackung: Unterbreiten Sie dem Konsumenten eine Empfehlung zur Entsorgung der leeren Verpackung.
Aroma- & Röstprofile: Beschreiben Sie allenfalls das Aroma jedes einzelnen Produkts oder wie Sie den Kakao geröstet haben.
Produkt-Story: Eine ungewöhnliche Geschichte über Mensch und Rohstoffe rund um Ihr Produkt wird von Konsumenten immer geschätzt.

Kakaoanteile müssen auf der Verpackung ausgewiesen sein.

VERPACKUNGSKONZEPTE FÜR TAFELSCHOKOLADEN

DIE FUNKTIONALE VERPACKUNG

Sie hat die Aufgabe, Ihr Produkt zu schützen und in einwandfreiem Zustand bis zum Konsumenten zu bringen. Achten Sie je nach Vertriebskonzept auf eine passende Verpackungslösung. Hier einige Stichworte, die Sie interessieren könnten:

- Stabilität sowie Schutz vor Bruch (auch für Postversand)
- Schutz vor Licht und Unterstützung der Haltbarkeit
- Tauglichkeit für den Handel (EAN, Platzbedarf, Regaltauglichkeit, Handelseinheiten etc.)

Stellen Sie auch einige Überlegungen in Bezug auf Ihre betrieblichen Abläufe an. Vielleicht können Sie mit einer geeigneten Primärverpackung fertige Tafelschokoladen als Halbfertigprodukt im Tiefkühler lagern. Sehen Sie hierzu auch das Kapitel „Halbfabrikate und Zwischenlagerung“.

HINWEIS! Lebensmittelkonformität

Achten Sie bei Ihrem Verpackungsmaterial, insbesondere bei den Primärverpackungen, auf Lebensmittelkonformität. Lassen Sie sich die Konformität von jedem Lieferanten schriftlich bestätigen!

REHMANN Swiss Bean to Bar – Verpackung

DIE FORMALE VERPACKUNG

Sie wollen eine Verpackung, welche sich gegenüber Mitbewerbern abgrenzen kann. Überlegen Sie sich sorgfältig, wie sich die funktionalen Aspekte mit Ihren formalen Bedürfnissen in Einklang bringen lassen.

Auch hier noch einige Stichworte:
- Ihr Markenname & Markenbild
- Ihre Geschichte zum Produkt
- Der Produktname
- Regulatorische Verpflichtungen
- Die Kür

Unter dem Stichwort „Die Kür" sind alle weiteren Angaben gemeint, welchen keine gesetzliche Vorgabe vorausgeht und die zur vertieften Information des Konsumenten beitragen. Zum Beispiel Aromenbeschreibungen, Röstprofile etc.

Einfach und zweckmäßig: Verpackungskonzept aus Ghana

DAS TÄGLICHE HANDLING

„Echt cool" kann im Alltag zum großen Ärgernis werden. Eine coole Verpackung darf natürlich sein, Sie sollten das tägliche Handling jedoch nicht aus den Augen verlieren. Können Sie bei einem Großauftrag 10.000 Tafeln effizient packen? Wenn Sie diese knackige Frage nicht eindeutig mit Ja beantworten können, so haben Sie sich für das falsche Konzept entschieden.

REALISIERUNG EINES VERPACKUNGSKONZEPTES

Bevor Sie mit einem Verpackungskonzept in die Realisierung, sprich: in Druck gehen, sollten Sie sich nochmals Unterstützung holen. Lassen Sie alle Ihre Verpackungstexte von kritischen Lesern korrekturlesen. Beauftragen Sie im Zweifelsfalle Profis für die regulatorischen Belange. Wenn gedruckt ist, kann nicht mehr korrigiert werden!

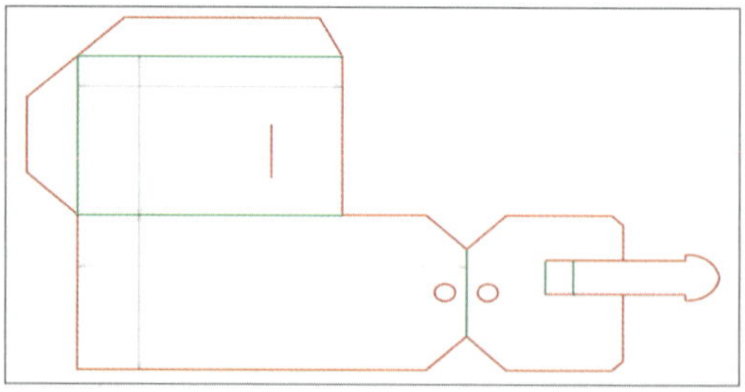

Der Stanzriss gibt den Rahmen für die Grafik.

EINKAUF VON VERPACKUNGSKOMPONENTEN

Individuell gestaltetes Verpackungsmaterial ist teuer. Besonders teuer werden Verpackungen, wenn nur kleine Stückzahlen realisiert werden können. Strecken Sie sich deshalb nach der Decke und ordern Sie möglichst große Mengen. Realisieren Sie so viel, wie nur irgendwie möglich bzw. es Ihr Lager erlaubt.

Leider ist auch der Wirtschaftssektor der Drucker sprichwörtlich massiv „unter Druck“. Das lässt sich durch Konkurrenz aus Märkten mit tiefen Lohnkosten erklären. Es kann sich daher lohnen, sich nach Druckspezialisten im mittleren oder fernen Osten umzusehen. Ich habe unglaublich gute Erfahrungen mit türkischen Anbietern gemacht.

ENTSORGUNG DER VERPACKUNG

Erlauben Sie auch einige Gedanken zur Entsorgung der Verpackung Ihres Produktes. Sensible Konsumenten lassen sich von nicht zeitgemäßen Verpackungskonzepten durchaus abschrecken. Zeigen Sie dem Konsumenten auf, welche Verpackungskomponente wie entsorgt oder rezykliert werden kann.

Fast keine Grenzen für die Fantasie

ANHANG

TEMPERIEREN BZW. VORKRISTALLISIEREN VON SCHOKOLADE

Das Wissen um die Notwendigkeit des Temperierens als vorbereitenden Schritt für die Verarbeitung von Schokolade wird – wie in der Einleitung erwähnt – grundsätzlich vorausgesetzt. Wir wollen dennoch einige Zeilen in diese wichtige Aufgabe investieren.

Eine perfekte Vorbereitung Ihrer Schokolade ist Voraussetzung für ein ansprechendes Produkt. Ohne sorgfältige Vorkristallisation bzw. Temperierung Ihrer Bean-to-Bar-Schokoladen bleiben sämtliche vorgelagerten Prozessschritte wertlos!

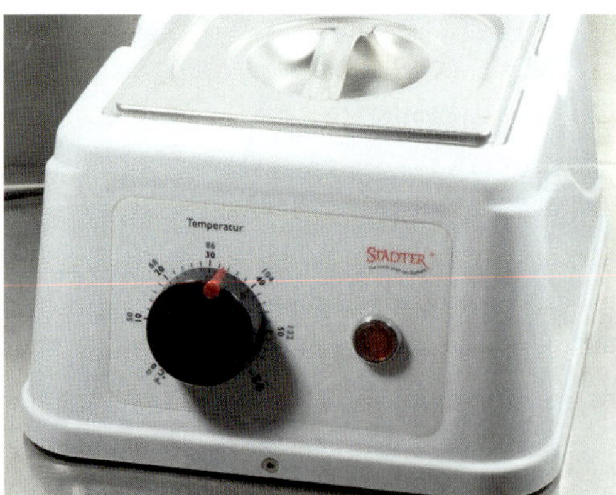

Grundsätzlich

Die in Schokolade enthaltene Kakaobutter ist ein polymorphes Fett, welches in verschiedenen Zuständen auskristallisieren kann.

Für den Chocolatier sind jedoch nicht alle Zustände wünschenswert. Einige können zu äußerst unappetitlichem Aussehen Ihrer Schokoladenprodukte führen.

Folgen bei schlechter Vorkristallisation

Sind die verarbeiteten Schokoladen gar nicht oder nur ungenügend vorkristallisiert, so werden sich die hergestellten Produkte unansehnlich und hässlich präsentieren. Es legt sich ein grauer bis weißer Schleier über die Produkte. Es fehlt zudem der bei perfekten Pralinen oder Tafelschokoladen gewohnte Glanz.

Temperiergerät für den Hobby-Chocolatier

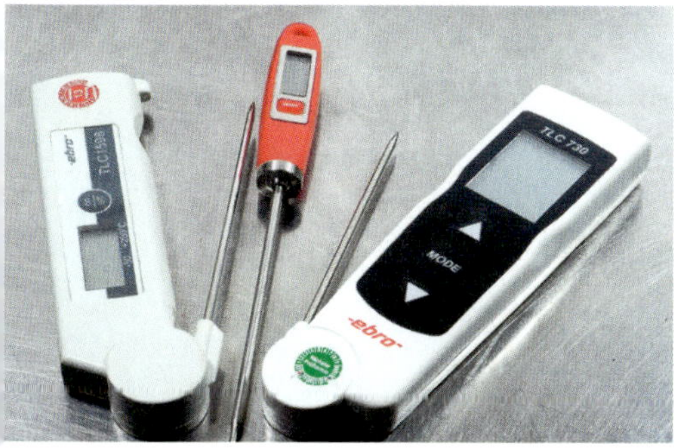

Unverzichtbares Werkzeug

Vorgehensweise

Die bei Zimmertemperatur solide Schokolade muss zuerst mit einem dazu geeigneten Verfahren auf 50 °C erwärmt bzw. verflüssigt werden. Es folgt darauf eine Abkühlungsphase. Ist die Schokolade 25–26 °C „kalt", kann mittels rühren die Bildung von stabilen Kakaobutterkristallen unterstützt werden. Danach kann die Schokolade auf die Verarbeitungstemperatur erwärmt werden. Diese beträgt je nach Schokolade 29–33 °C.

Alternative Vorgehensweise

In der Praxis der Profis wird mehrheitlich maschinell und kontinuierlich temperiert. Für die diskontinuierliche Temperierarbeit bietet sich die Impfmethode an. Dabei wird feste Schokolade (Schokolade gehackt oder in Form von Tropfen) zugefügt und die flüssige Schokolade so mit stabilen Kakaobutterkristallen „geimpft". Ebenfalls sehr effizient ist die Beigabe von Cryo-Kakaobutter zur Vorkristallisation.

Fehler beim Temperieren/ Vorkristallisieren

Häufige Fehler sind das ungenügende Bilden stabiler Kakaobutterkristalle sowie das Überschreiten der Temperaturobergrenzen beim Erwärmen auf Verarbeitungstemperatur. Werden diese beiden Punkte nicht eingehalten, müssen Sie davon ausgehen, dass Ihre Schokolade schlecht oder gar nicht temperiert ist.

Ein weiterer Punkt ist das ungenügende Rühren der Schokolade. Es kann in diesem Fall eine Entmischung der Schokolade einsetzen. In diesem Fall trennt sich die Kakaobutter von den Feststoffen in Ihrer Schokolade.

Der umgekehrte Fall betrifft das übermäßige Rühren in Ihrer Schokolade, was zu einem Eindicken der Schokolade führen

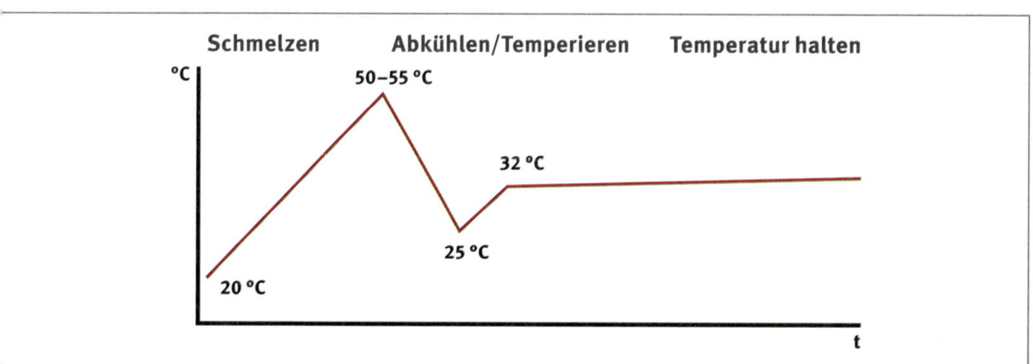

Temperiergerät für den Profi

kann. Dies hat zur Folge, dass Ihre Schokolade nicht mehr verarbeitet werden kann.

Die oben beschriebene Vorgehensweise zur Vorkristallisation von Schokolade richtet sich an Einsteiger, die erstmals Schokolade von Hand temperieren/vorkristallisieren. Es versteht sich, dass Profis sich mit geeigneten Maschinen und Anlagen behelfen.

AROMENSTEUERRAD

Das Aromensteuerrad dient Ihnen als Hilfsmittel für die sensorische Beurteilung aller Aromen Ihrer Kakaobohnen.

Rechts in der Abbildung unter „Zitrusfrüchte“ von oben nach unten: Grapefruit, Orange, Zitrone, Limette; unter „Sauer“ von oben nach unten: Saure Aromen, Essigsäure, Buttersäure, Isovaleriansäure, Zitronensäure, Apfelsäure; unten unter „Papierartig/modrig“ von rechts nach links: schal, pappartig, papierartig, holzig …

Das Aromensteuerrad kann in digitaler Form (oder als Poster in englischer Sprache) unter diesem Link bezogen werden: *https://store.sca.coffee/products/the-coffee-tasters-flavor-wheel-german-digital-version?variant=20304170310*

Aromarad des Kaffeekosters

AROMARAD DES KAFFEEKOSTERS AUF GRUNDLAGE DES VON WORLD COFFEE RESEARCH ENTWICKELTEN SENSORY LEXICON

ERKLÄRUNG: DIESES AROMARAD WURDE AUS DEM ENGLISCHEN ÜBERSETZT UND KANN REGIONALE ENTSPRECHUNGEN FÜR DIE URSPRÜNGLICHEN BESCHREIBUNGEN ENTHALTEN. ERKLÄRUNGEN ZU DEN EINZELNEN AROMEN IM ORIGINALTEXT FINDEN SIE IM WORLD COFFEE RESEARCH SENSORY LEXICON.

V.1

Specialty Coffee Association

WORLD COFFEE RESEARCH

GLOSSAR

Aromen-Präkursoren – Die im ungerösteten Kakao nach der Fermentation angelegten Vorstufen der Aromen. Diese können durch den Röstvorgang entwickelt bzw. verstärkt werden.

Criollo-Kakao – Der Ur-Kakao, der reinerbig nur noch sehr selten vorkommt. Er gilt als der edelste unter den Kakaos.

Conche – Die Maschine, die für den Conchiervorgang verwendet wird. In einer Conche wird Schokolade während vieler Stunden intensiv mechanisch bearbeitet. Dadurch erwärmt sich die Schokoladenmasse und es entweicht Restfeuchtigkeit in Form von Wasserdampf. Mit dem Wasserdampf werden auch Wasserdampf flüchtige Substanzen ausgeschieden.

Direct Trade – Unter Direct Trade wird der direkte Handel von Rohstoffen zwischen einem Abnehmer und dem Anbauer einer Leistung verstanden. Im Falle unserer Kakaos bedeutet Direct Trade der direkte Einkauf bei einem Farmer oder bei einer mehrere Farmer vertretenden Kooperative. Beim direkten Handel wird daher der Zwischenhandel ausgeschaltet. Für den Farmer bzw. die Farmen bedeutet Direct Trade in der Regel einen höheren Erlös für verkaufte Ware. Der Käufer wiederum kann Vorteile in der Vermarktung und Kommunikation kommerziell verwerten.

Emulgatoren – Emulgatoren werden im Bereich Bean-to-Bar-Schokolade eher selten verwendet. Um nicht zu sagen, sie sind verpönt. In der industriellen Schokoladenherstellung wird häufig und gerne Lecithin verwendet, meistens Soja- oder Sonnenblumenlecithin. Lecithin hat eine verflüssigende Wirkung. Die Schokolade wird dünnflüssiger, weil die Reibung zwischen den Feststoffen (Kakao, Zucker, Milchpulver) reduziert wird. Der Einsatz von Lecithin hat meist aber auch eine ganz pekuniäre Ursache. Die Beigabe von Lecithin hat die gleiche Wirkung wie die Beigabe von zusätzlicher Kakaobutter, mit dem Unterschied, dass Lecithin wesentlich günstiger ist.

Fermentation – Die Fermentation der Kakaobohnen ist notwendig zur Etablierung der Aromen. Der Prozess der Fermentation stellt im weitesten Sinne eine Art Gärung dar. Durch den enzymatischen Umbau der Bestandteile der Kakaobohne bildet sich erst das begehrte und erwünschte schokoladige Aroma.

Forastero-Kakao – Forastero = der Fremdling. Ursprünglich waren alle Kakaosorten damit gemeint, die nach dem Criollo nach Venezuela eingeführt wurden. Er liefert etwas weniger edle Qualität als der Criollo, ist dafür weniger anfällig für Krankheiten und liefert gute Erträge.

Grindometer – Ein Kornfeinheitsmessgerät. Mit dem Grindometer kann die Feinheit des einzelnen Korns in der Schokoladenmasse geprüft bzw. ermittelt werden. Das Grindometer besteht aus zwei Teilen; dem eigentlichen Grindometer sowie dem Lineal. Für die Anwendung mit Schokolade sollte das Gerät auf ca. 28–30 °C erwärmt werden.

Infrarot-Thermometer – Ein Thermometer mit Infrarot-Sensor. Dieser ermöglicht die kontaktlose und präzise Messung von Oberflächentemperaturen. Ein solches Gerät kann nur Oberflächentemperaturen messen. Kerntemperaturen sind damit nicht messbar. Für das Messen von Kerntemperaturen ist die meist in Kombination zum Sensor vorliegende Nadel bzw. Sonde zu verwenden.

Kakaobohne – Die einzelnen Samen der Kakaofrucht werden als Kakaobohnen bezeichnet. Für die Verwendung in der Schokoladenherstellung müssen die Kakaobohnen erst fermentiert und danach einem umfangreichen Prozess unterzogen werden.

Kakaobutter – Kakaobutter ist das natürlich in der Kakaobohne vorkommende Fett. Qualitativ hochstehende Kakaobohnen weisen einen Fett- bzw. Kakaobuttergehalt von mindestens 50 % auf. Kakaobutter darf mit Fug und Recht als eines der hochwertigsten natürlichen und für die Verwendung in Lebensmitteln geeigneten Fette bezeichnet werden. Bei korrekter Lagerung ist Kakaobutter sehr lange haltbar.

Kakaomasse – Kakaomasse ist die aus gebrochenem und geschältem Kakao sowie durch Mahlen und Reiben desselben entstandene zuckerfreie Masse. Je nach Einsatzbereich der Kakaomasse kann der Feinheitsgrad in diesem Stadium stark variieren.

Kolloidmühle – Kolloidmühlen werden nach dem Prinzip eines sich drehenden Rotors und eines ruhenden Stators gebaut. Der Rotor dreht sich mit hoher Drehzahl – bis zu 6000 Umdrehungen pro Minute. Die in der Mahlkammer entstehenden Schneide- und Prallvorgänge zerkleinern im Falle der Kakaoverarbeitung unseren wichtigsten Rohstoff. Die Spaltbreite zwischen Rotor und Stator kann eingestellt werden. Damit lässt sich die angestrebte Korngröße festlegen.

Korngröße – Die Korngröße benennt das größte in einer Masse auffindbare Korn. Da für das Mundgefühl sensorisch stets das größte Korn maßgebend ist, wird bei einer Messung der Korngröße stets das größte Korn ermittelt. Für die Messung von Korngrößen bis 100 µm bietet sich das Instrument Mikrometer an. Für sehr feine Massen kann im Bereich Schokolade mit einem sogenannten Grindometer gearbeitet werden.

Kreuzkontamination – Unkontrollierter und ungewünschter Kontakt von allergenen Rohstoffen mit nicht-allergenen Rohstoffen. Kreuzkontamination entsteht häufig durch unsorgfältiges Reinigen von Maschinen und Gerätschaften.

Kugelmühle – Die mit mehreren tausend Stahlkugeln gefüllte Mühle kann mit großer Effizienz Kakao, Zucker und andere Rohstoffe bis auf 5 μm reduzieren. Das Funktionsprinzip wird in erster Linie durch die Kontaktflächen zwischen den einzelnen Stahlkugeln begründet. Geraten Kakaobestandteile zwischen die Kontaktflächen zweier Stahlkugeln, entstehen erhebliche Kräfte, die den Kakao Schritt für Schritt zerkleinern.

Mehrwalzwerk – Bei einem Walzwerk wird die Schokoladenmasse (Kakaomasse mit Zucker und eventuell Milchpulver) zwischen zwei oder mehr gegeneinander sich drehende Walzen vorgelegt. Die Schokoladenmasse wird zwischen die Walzen gezogen und muss, je nach Maschineneinstellung, durch einen hauchdünnen Spalt. Dadurch wird das einzelne Kakao-, Zucker- oder Milchkorn stark zerkleinert und zerrieben. Bei einem Mehrwalzwerk schlängelt sich die Kakaomasse so durch mehrere Walzen.

Melangeur – Melangeure sind eigentliche Kollergänge. Bei einem Melangeur drehen sich zwei Granitwalzen auf einem ebenfalls aus Granit bestehenden Untergrund. Die Mahlzone befindet sich somit an der Kontaktfläche zwischen Boden und Granitwalzen. Abgesehen von den Mahlkräften in der Mahlzone entstehen erhebliche Scherkräfte vor und hinter den Walzen. Deshalb wird beim Einsatz eines Melangeurs die Schokoladenmasse de facto gleich auch conchiert. Melangeure wurden in der Schokoladenindustrie mangels Effizienz schon vor längerer Zeit ausgemustert und erfreuen sich heute, auch bedingt durch die Bean-to-Bar-Bewegung, eines beachtlichen Revivals.

Mikrometer – Mit einem Mikrometer lassen sich Materialstärken bis in den Bereich von 1/1000 eines Millimeters messen. Für die Arbeit mit Kakao kann das Mikrometer für Korngrößen bis 100 μm zuverlässig eingesetzt werden. Für noch feinere Korngrößen ist in der Kakaoverarbeitung das Grindometer zu bevorzugen.

Nibs, Kakaonibs – Als Nibs oder Kakaonibs bezeichnet man die gebrochene und von Schalen befreite Kakaobohne in kleinen Stücken. Kakaonibs können kalibriert oder unkalibriert hergestellt werden. Bei der Kalibrierung werden die Stücke zum Beispiel auf 4 mm kalibriert und so lange gebrochen und ausgesiebt, bis das gewünschte Kaliber vorliegt. Für die Schokoladenherstellung ist die Kalibrierung meistens nicht zwingend. Nibs lassen sich kalibriert jedoch sehr gut in der Confiserie einsetzen.

Plazenta, Kakao – Als Plazenta werden die im Fruchtfleisch der Kakaofrucht angelegten Verbindungen zu jeder Kakaobohne verstanden. Die Plazenta versorgt jede einzelne Bohne während des Wachstums. Nach der Fermentation ist es wichtig, dass möglichst wenig Anteile der Plazenta am getrockneten Kakao haften bleiben. Namhafte Anteile Plazenta mindern den Wert, da diese nicht verwertbar sind.

Primärverpackung – Damit sind sämtliche Verpackungskomponenten gemeint, die in direktem Kontakt mit dem Produkt stehen. Primärverpackungen müssen zwingend lebensmittelkonform sein. Für Primärverpackungen sollte stets eine Konformitätserklärung seitens des Lieferanten/Herstellers in schriftlicher Form vorliegen.

Sekundärverpackung – Damit sind sämtliche Verpackungskomponenten gemeint, die nicht in direktem Kontakt mit dem eigentlichen Produkt stehen. Einer Sekundärverpackung geht immer eine Primärverpackung voraus.

Temperieren – Unter dem Begriff temperieren wird die Vorbereitung der Schokolade vor der Verarbeitung verstanden. Sinngemäß identisch ist der Begriff des Vorkristallisierens. Durch das Temperieren von Schokolade wird namentlich die Kristallstruktur in der Kakaobutter dergestalt beeinflusst, dass nach dem Erstarren der Schokolade ein schöner Glanz bzw. eine hübsche Erscheinung der hergestellten Waren vorliegt. Bei nicht sachgerechter Temperierung bzw. Vorkristallisation von Schokoladen kann Fettreif oder Schlierenbildung in der Schokolade auftreten. Von solchen Fehlern gekennzeichnete Schokoladen gelten als unverkäufliche Ware.

Trinitario-Kakao – Trinitario-Kakao hat seinen Ursprung auf der Insel Trinidad. Er ist durch Kreuzung von Criollo-Kakao aus Trinidad mit Forastero-Kakao aus dem Festland entstanden. Mit der Kreuzung wurde ursprünglich eine Verbesserung der Resistenz gegen Pflanzenkrankheiten angestrebt. Im Trinitario-Kakao vereinen sich die edlen Aromen eines Criollos mit der Robustheit des Forasteros.

Trommelröster – Wie es der Name schon sagt, werden die Kakaobohnen in einer rotierenden Trommel geröstet. Vorteil des Trommelrösters ist, dass die Bohnen stets nur für Bruchteile einer Sekunde eine Kontaktfläche mit dem Röster bilden. Nachteilig wirkt sich das große Volumen eines Trommelrösters aus. Diese Geräte sind sehr groß und in der Regel nur mit einer happigen Investition zu erwerben.

Umluftofen – Umluftöfen sind heutzutage in der Gastronomie sowie in der Bäckerei Standardausrüstung. Selbst neue Haushaltsöfen werden mit einer Umluftfunktion ausgerüstet. Die Umluftfunktion stellt sicher, dass im gesamten Innenraum des Ofens die Temperatur konstant gleich ist. Mit dem Rösten von Kakao auf Lochblechen und in einem Umluftofen ist somit sichergestellt, dass jede einzelne Kakaobohne die gleichen Röstbedingungen erfährt. Moderne Gastro-Umluftöfen können problemlos 12–24 Bleche und 24–48 kg Kakao aufnehmen. Manche Geräte sind sogar mit einer Abkühlfunktion ausgerüstet. Diese stellt sicher, dass der Kakao möglichst rasch auskühlt. Umluftöfen sind neu oder gebraucht preiswert zu kaufen.

Viskosität – Diese bezeichnet in unserem Fall die Zähflüssigkeit einer Schokoladenmasse. Je größer die Viskosität, desto dickflüssiger die Masse. Je niedriger die Viskosität, desto dünnflüssiger sind unsere Schokoladen.

Vorkristallisieren – Damit ist der Vorgang des Temperierens gemeint. Siehe auch Stichwort „Temperieren". Das Vorkristallisieren erfolgt durch die Sicherstellung einer geeigneten kristallinen Form der Kakaobutter in Schokoladen.

Aus unserem Programm

ISBN 978-3-7020-1605-0

ISBN 978-3-7020-1361-5

ISBN 978-3-7020-1415-5

ISBN 978-3-7020-1465-0

Leopold Stocker Verlag

Graz – Stuttgart

www.stocker-verlag.com

oto: Kakaobohne
kroskopaufnahme

Aus unserem Programm

ISBN 978-3-7020-1581-7

ISBN 978-3-7020-1536-7

ISBN 978-3-7020-1657-9

ISBN 978-3-7020-1764-4

Leopold Stocker Verlag

Graz – Stuttgart

www.stocker-verlag.com